国家自然科学基金（编号：41671018，91647202）
国家重点研发计划（课题编号：2018YFC0406502） 资助

基于遥感信息的
流域水文模型率定研究

孙文超　崔兴齐　全钟贤　著

中国水利水电出版社
www.waterpub.com.cn
·北京·

内 容 摘 要

本书系统总结了作者提出的在缺资料地区使用卫星遥感数据率定流域水文模型的方法与应用等方面的研究成果。在系统全面介绍遥感流量观测与水文模型率定研究进展的基础上，详细地阐述了使用遥感河道水面宽度/高程数据率定流域水文模型的方法。之后通过在全球多个流域的应用实例，论证了使用卫星合成孔径雷达影像、高分辨率光学影像以及雷达测高计观测信息率定水文模型的可行性，并探讨了遥感观测误差、自动优化算法、模型结构以及参数不确定性等要素对模型模拟不确定性的影响，最终对该方法在缺资料地区的应用前景进行了展望。本书具有较强的学术价值和实用性，可为从事遥感水文观测、流域水文模型以及两者融合研究的学者与科研人员提供借鉴与参考。

图书在版编目（CIP）数据

基于遥感信息的流域水文模型率定研究 / 孙文超，崔兴齐，全钟贤著. -- 北京：中国水利水电出版社，2021.3
ISBN 978-7-5170-9434-0

Ⅰ．①基… Ⅱ．①孙… ②崔… ③全… Ⅲ．①遥感技术－应用－流域模型－水文模型－研究 Ⅳ．①P334

中国版本图书馆CIP数据核字(2021)第029019号

书　　名	**基于遥感信息的流域水文模型率定研究** JIYU YAOGAN XINXI DE LIUYU SHUIWEN MOXING LÜDING YANJIU
作　　者	孙文超　崔兴齐　全钟贤　著
出版发行	中国水利水电出版社 （北京市海淀区玉渊潭南路1号D座　100038） 网址：www.waterpub.com.cn E-mail：sales@waterpub.com.cn 电话：(010) 68367658（营销中心）
经　　售	北京科水图书销售中心（零售） 电话：(010) 88383994、63202643、68545874 全国各地新华书店和相关出版物销售网点
排　　版	中国水利水电出版社微机排版中心
印　　刷	清淞永业（天津）印刷有限公司
规　　格	170mm×240mm　16开本　8.75印张　171千字
版　　次	2021年3月第1版　2021年3月第1次印刷
定　　价	**68.00元**

前　言

　　当我们抬头仰望星空的时候，星空也在俯视着我们。自从1972年第一颗对地观测卫星升空以来，人类已经积累了将近五十年的地表观测信息，这些信息在资源探测、军事、农业、交通、环保等领域得到了广泛应用。卫星观测的优势在于能够在极短的时间内对地球表面进行大范围观测，对于地貌或气候极端恶劣的人类无法到达的地区，卫星遥感观测是获取地表信息的唯一手段；对于其他人类可以触及的地区，卫星遥感观测能够提供地面观测无法获取的地表要素空间异质性信息。遥感观测也在水利行业得到了广泛应用。针对降水、蒸散发、土壤含水量等水文循环过程的关键变量，目前国内外研究机构已经生产了较为成熟的数据产品，同时在水土保持、水利工程建设与管理中也有诸多应用。但对于河道流量这一代表流域水文循环整体特征的重要变量，虽然与其密切相关的河流水面范围以及水面高程信息可以从遥感观测到，却还难以从卫星数据直接进行反演，此外相比于地面实地观测，卫星观测时间分辨率和精度较低，也限制了遥感反演流量信息在水利行业内的应用。

　　长时间序列的河流流量数据是水文水资源研究以及水利工程设计中不可或缺的信息。但是由于传统水文站的建设与维护需要耗费大量人力与财力，所以水文观测站点的覆盖范围在逐渐降低，尤其在发展中国家。而且即便是开展了长时间观测工作，水文信息在不同利益相关方之间的共享也十分困难。故基于降雨径流关系估算流域出口断面流量时间序列的流域水文模型是解决流量数据难以获取的重要手段。通过实测流量数据对水文模型进行率定，进而获得反映流域水文循环特征的模型参数值是使用模型的一个必要步骤。如何在长时间序列流量数据缺乏的缺资料地区合理估算水文模型参数值是近几十年水文水资源领域研究的一个热点和难点问题。

卫星遥感能够提供与流量紧密相关的河道水面宽度与高程观测，具有用于率定水文模型的可能性。作者在攻读博士学位阶段从事遥感信息与水文模型融合研究，提出了一种使用遥感观测（河流水面宽度或水面高程）率定流域水文模型的方法。该方法打破仅将遥感观测的河流水力学信息直接用于径流量估算的传统研究模式，而是将其作为径流量的替代信息约束流域水文模型模拟进而获得反映流域水文循环特征的模型参数值，之后将经过率定的水文模型应用于流量估算。通过该方式克服了水文模型与遥感观测的局限性，将两者的优势进行结合，为解决缺资料地区径流量估算这一水文学科的科学难题提供了一种新思路。基于该方法所撰写论文曾获得日本土木工程学会水利工程委员会2010年度论文奖。作者是以第一作者身份获得该奖的第一位中国籍和第二位非日本籍学者。

通过十余年的潜心研究以及在全球多个流域的应用实践，该方法得到不断完善，已经形成了一套完整的基于遥感河流水面宽度/高程数据率定流域水文模型以及模拟不确定性分析的方法体系。本书是在作者对该领域研究成果总结和凝练基础上完成的。第1章绪论，介绍研究背景与意义、基于卫星遥感信息估算流量、缺资料地区水文模型参数估算等相关领域的研究进展以及本研究的特色与创新之处。第2章介绍所提出遥感信息率定水文模型的方法，重点介绍模型输出由流量到河流水面宽度/高程的转化方法、参数自动率定与模拟不确定性分析方法。考虑到卫星观测时间频率大幅低于地面观测，第3章以率定分布式水文模型SWAT为例，在我国四个特征各异的流域通过探讨率定水文模型所需流量数据数量，来分析当前卫星观测频率能否满足率定水文模型的需求。为了排除卫星观测误差对所提出率定方法可行性分析的干扰，第4章使用地面实测河流水面宽度与水面高程数据来论证该方法应用潜力。第5章以流经我国和东南亚国家的湄公河为例，探索使用从合成孔径雷达影像提取的河流水面宽度率定水文模型的可行性，并讨论使用从高分辨率遥感高程数据提取河道断面形状对于提升模型模拟精度的作用。第6章以美国密西西比河流域为例，分析使用从星载雷达测高计提取的河流水面宽度数据来率定水文模型的可行性，并探讨卫星观测数量与质量对模型流量估算结果的影响。第 5 章和第 6 章均为在河宽为公里级别流域的应用实例。为了探索本方法在河宽为百米级别的中小型河流的应用潜力，第 7 章以我国长江上游的雅砻江为例，探讨使用从米级高分辨率遥感数据提取的河流水面宽度率定水文模型的可行性，同时探讨了由于河岸带植被的存在造成的模拟不确定性，之后探讨了使用软性水文信息进一步降低模拟不确定性的方法。第 8 章以流经我国和缅甸的伊洛瓦底江这一缺资料流域为例，探讨该方法在实际应用中面临的挑战以及可能的解决方法，最终讨论未来在缺资料地区的应用潜力。希望本书能够为遥感水文观测与流域水文模型技术方法创新、融合遥感观测与水文模型进而提升对流域水文循环时空异质模拟水平等方面科学研究抛砖引玉，为从事流域水文模型、遥感水文研究的学者与科研人员提供借鉴与参考。

借此机会衷心感谢博士生导师日本国立山梨大学石平博教授及夫人、硕士导师北京师范大学鱼京善教授及夫人金红心女士对我的悉心指导与照顾。感谢北京师范大学徐宗学教授及夫人李景玉女士自我赴日留学以来对我的关心和帮扶。能师从几位恩师是我一生宝贵的财富。感谢家人对我一直以来的理解与照顾：I'm only here because of you. You are the reason I am. You are all my reasons.

本专著受到国家自然科学基金（编号：41671018，91647202）、国家重点研发计划（课题编号：2018YFC0406502）资助。作者所指导博士研究生韩权、周灵、王金强、姚晓磊以及硕士研究生王园园、范娇、佟润泽、金永亮、崔健、李子琪先后参与文稿整理与校对工作，在此一并表示感谢。因时间仓促和作者水平所限，本书在所难免存在不足之处，敬请各位读者批评指正！

作者

2020 年 12 月

目　录

第1章 绪 论

1.1 研究背景与意义

在全球范围内，洪水和干旱是两种最普遍的自然灾害，在2005—2014年间平均每年影响1.4亿人。合理制定减轻这些灾害所带来危害的措施，有赖于流域水文模型对河道流量的精确预测（McEnery et al.，2005；Callahan et al.，1999）。流域水文模型是描述以降雨-径流过程为核心的流域水文循环过程的数学模型。近年来，随着信息技术在水利工程学科领域的广泛应用，流域水文模型的研发与应用研究得到长足发展。在气候变化和人类活动加剧的背景下，洪水和干旱等灾害发生频率显著提高（Hirabayashi et al.，2013）。制定科学合理应对措施，构建人水和谐社会发展模式，需把握流域水循环特征并做出准确预测（任立良等，2011），这给流域水文模型的发展带来机遇和挑战（徐宗学等，2010）。随着在洪水预报、气候变化的水文响应、土地利用变化的水文影响、流域生态水文过程等研究领域的逐渐深入（杨大文等，2010；芮孝芳等，2006；李致家等，2004），流域水文模型已经成为并将继续作为核心研究工具与方法在水文水资源领域科学研究和生产实践活动中发挥重要作用。

参数值能够反映所模拟流域水文循环特征是成功应用水文模型的前提条件（Gupta et al.，2005），基于流域出口河道流量数据的模型率定是获得合理参数值的主要途径（Li et al.，2013）。但由于维持流量观测站需要大量人力物力，近年来在世界范围内观测网络的覆盖范围在逐年降低（Fekete et al.，2007），另外流量数据共享也存在着各种各样障碍（Viglione et al.，2010）。缺少流量观测数据是当前限制水文模型应用的因素之一。如何在缺资料流域获得合理模型参数值是国际水文科学学会（IAHS）2003—2013年国际水文十年计划"缺资料地区水文预报（PUB）"重要研究课题之一（Wagener et al.，2004）。对于IAHS旨在提升变化环境下提高对水资源动态预测能力的2013—2022新十年科学计划"处于变化中的水文科学与社会系统"（Panta Rhei）（Montanari et al.，2013），作为获取高时间和空间分辨率水文循环信息途径之一的流域水文模型，缺资料流域的参数率定仍将是重要的研究领域。

自从 1972 年美国的 Landsat 1 卫星升空以来,许多地球观测卫星已经收集了过去几十年间大量的地表信息。基于这些遥感信息反演蒸散发、土壤含水量、洪水淹没范围甚至河道流量等反映水文循环过程物理量的可能性及有用性已得到遥感和水文两个学科领域学者的广泛认可(Fernández - Prieto et al.,2012)。遥感技术的优势在于可观测大空间范围内常规手段无法测量水文变量或参数的空间异质性。但其观测的时空分辨率受到卫星传感器的限制,且观测精度一般低于地面实地观测。将卫星观测与流域水文模型进行融合,能够充分利用两者的优势并克服其局限性,进而实现对流域水文循环过程时空演变规律的准确把握。将遥感信息应用于流域水文模型进行率定,对于解决无流量观测数据地区参数估算难题,提升模型在无资料流域的应用水平提供了一种新的思路和可能性。同时,由于遥感观测的时间和空间尺度不同于水文模型模拟及实地观测,遥感与水文模型的融合对于提高对流域水文循环过程的认识程度,进而改进水文模型结构并提升流域水文循环过程的模拟水平具有重要的理论和现实意义,是一个值得研究的多学科交叉的前沿科学问题。

1.2 基于卫星遥感信息的河道流量估算研究进展

河道流量是单位时间内流经河流特定过水断面的水量。它是水文水资源研究领域最重要的一个实地观测变量。作为大陆与海洋物质交换的重要一环,河道水流是全球水循环与生物化学循环的重要组成要素。河水携带大量颗粒与溶解物质进入海洋,对海洋化学过程和营养物质循环具有重要影响。从陆面过程角度看,它是人类赖以生存的淡水资源的主要来源,同时也对生态系统功能具有重要调节作用。相比其他水文循环过程变量,河道流量观测相对简单且精确,同时包含了丰富的流域水文循环信息,因而被普遍地看作为水文循环的重要表征指标之一。

某一时刻河道流量的数值等于该时刻过水断面的面积与断面平均流速的乘积。常规水文站流量观测通常在不同丰枯水文条件下多次实地测量过水断面面积与断面平均流速得到实测流量,之后建立观测水位与观测流量之间的水位-流量的经验关系曲线。这样在日常观测时,只需要观测水位,即可通过水位-流量关系曲线推算出当时的河道流量。当前通过卫星遥感技术可以观测到与计算过水断面面积紧密相关的河流水面宽度与高程。对于流速,与其紧密相关的河道坡度也可通过卫星观测进行反演。在过去几十年间,已经有大量学者基于上述卫星观测,采用建立经验关系的方法或与流域模型结合的方式对流量进行估算。

1.2.1　陆域地表水体空间范围/河流水面宽度的遥感反演

　　纯水面由于其特殊的光谱特征,其空间覆盖范围易于从可见光、红外或微波影像中识别,相比于其他地表覆盖类型,水面在红外波段的反射率几乎为零,这是从光学波段影像中反演陆域地表水体水面的主要依据。当前可用于提取水面信息的光学波段影像种类繁多:低空间分辨率(百米级)影像虽然对地表信息进行了大幅概化,但是通常其观测的时间分辨率较高且空间覆盖范围较广,其常用的代表性卫星包括 AVHRR 与 MODIS;中空间分辨率(几十米级)影像是当前反演陆域水面的主流卫星观测数据,其中最常用的是 Landsat 系列卫星,最早的卫星影像可以追溯到上世纪 70 年代初,另外,SPOT、ASTER 以及 Sentine l 系列卫星影像也是此类观测的代表;高空间分辨率影像(米级或亚米级)使得从卫星观测中小地表水体变得可能,但是单景影像较小的空间覆盖范围和较高的价格限制了其在识别地表水体中的广泛应用,具有代表性的卫星包括 QuickBird、WorldView 以及我国高分系列等。传统反演土地利用的监督或者非监督分类方法可以用于提取水面覆盖范围。针对陆地水体,基于卫星影像多波段反射率所计算的指数来区分水体与非水体地表覆盖类型是一种更常用和有效的方法。

　　光学影像提取水面范围有两个局限性。第一,云层覆盖等大气层因素会阻碍水面面积的提取。该现象在雨季尤为严重,限制了光学影像对洪水淹没范围的识别。第二,植被覆盖下的水面范围变化无法从可见光影像提取。雷达波段影像则可以克服上述光学波段影像这两个局限。星载雷达传感器可分为被动和主动两类。被动微波辐射测量计观测可用于对洪泛区范围进行观测。比如欧盟委员会联合研究中心与美国科罗拉多大学联合研发的全球洪水探测系统(Global Flood Detection System)采用 AMSR 系列、TRMM 和 GPM 被动微波观测反演全球近实时的陆面水体空间范围。但是该类观测的问题是空间分辨率非常低(约 25km)。发射雷达波并记录与地表接触后回波的合成孔径雷达(Synthetic Aperture Radar,SAR)影像是最常用的一类主动微波雷达,包括 SEASAT - 1、JERS - 1、Envisat ASAR,RADARSAT - 1、TerraSAR - X 等,其分辨率从几十米到几米不等。该类观测具有穿透云层的能力且明水面在该波长范围内通常呈现镜面反射特征,因此适合于提取水面范围。同时,L 波段和 P 波段 SAR 影像还具有穿透植物冠层反演水面范围的能力。阈值分割是从 SAR 影像识别水面范围最常用的方法,也有学者采用基于图像纹理特征、逻辑回归、主成分分析的方法。

　　实地河道水面宽度观测通常采用直接测量断面河岸两侧陆水接交点距离

的方式。对于类似 QuickBird 等高分辨率观测，直接从卫星影像上测量单个河道横断面水面宽度是可行的，例如 Zhang et al.（2004）在长江流域的研究。对于中低分辨率影像，由于陆水混合像元的存在，直接测量河道横断面水面宽度会造成较大误差。故在使用遥感河道水面宽度反演流量的研究中，为了降低单个断面的观测误差，通常是从卫星影像当中提取一定河道长度范围内的水面面积，之后除以河道长度得到平均水面宽度，亦称为有效河流水面宽度。同时对于所选取的河道范围也有一定要求，通常至少要涵盖两个完整的河道弯曲（meander）。

1.2.2　陆域地表水体水面高程的遥感反演

水面高程是与河道流量最紧密相关的水力学变量之一。当前主要通过星载雷达测高计进行观测，通过记录从足印（footprint）范围内地面反射回卫星天线的雷达波，雷达测高计测量发射雷达波到达地面后反射回卫星的时间。以往研究中用于提取地表水面高程的雷达测高计观测包括美国发射的Geosat（1985—1990 年）、GFO（1998—2008 年），欧洲发射的 ERS‐1（1991—2000 年）、ERS‐2（1995—2011 年），美国和法国发射的 TOPEX/POSEIDON（T/P，1992—2006 年）、Jason‐1（2001—2013 年）、Jason‐2（2008—2019 年）及 Jason‐3（2016 年至今），我国发射的 HY‐2A（2011年至今）以及 HY‐2B（2018 年至今）等。通常采用的波段包括 S、C 及 Ku等。上述频率雷达波不能穿透陆表水面，但是可以被水面所反射。通过回波时间可以计算出卫星与所观测水面的距离，结合卫星相对地面的距离，所观测水面相对于特定基准面的高程即可被推算出来。当前已发射升空的测高计的设计目的为监测海洋以及绘制冰原和海冰图。目前还没有在轨的专门用于陆域地表水观测的卫星，当前观测是对卫星轨道经过之处陆地水面高程的一维观测，相邻两条卫星观测之间轨道距离通常有几百公里，限制了其对陆域水体观测覆盖的空间范围。与此同时，雷达测高观测的精度受到足印覆盖地貌对雷达回波的反射情况影响。对于海面或者湖面等比较开阔的水体，雷达回波信号较为均一，观测误差会相对较小。对于河道水面高程观测，不可避免会受到河岸两侧陆地的影响，雷达回波信号组成较为复杂，精度相对较低。一般适用于河宽在几百米到几公里的河流观测，观测误差在几十厘米级别。

新型卫星测高技术具有解决现有星载雷达测高计空间覆盖范围较小和精度相对较低问题的潜力。用于观测陆域地表水体的 SWOT 卫星（Bonnema et al.，2019）发射成功后，将极大提升星载雷达测高计观测在全球的空间覆盖范围。SWOT 搭载 Ka 波段 SAR，将可以同时为全球范围内宽度为百米级别的河流提供水面宽度和高程二维观测。另外一个值得关注的技术是星载激光测高技术，其最突出的优点是观测精度大幅高于星载雷达测高技术。目前在轨卫星相对较少，应用最为广泛的是用于观测海冰消融过程的 ICESat 系列卫星。已有学者（安德笼等，2019）在我国太湖开展使用 ICESat2 数据反演水面高程的研究，结果显示观测误差仅为 1.5cm，说明该类卫星观测具有重要的应用潜力，但是该类观测也容易受到云层等大气要素的干扰。

1.2.3　其他河流水力学变量的遥感反演

流速也是与计算河道流量紧密相关的水力学变量之一。基于同一地区拍摄时间相差在毫秒级的两幅 SAR 影像之间的相位差与水体表面流速的关系，Romeiser et al.（2007）从 SRTM 的 X 波段干涉 SAR 数据中成功反演了德国易北河河口处的水流流速。基于类似的 TerraSAR - X 观测，Romeiser et al.（2009）证实了使用实际在轨卫星干涉 SAR 数据估算河道流速的可行性。水体与陆地在近红外波段的辐射特征相差较大，也有学者（Tarpanelli et al.，2013）采用同一地区近水面永久陆地像元与邻近永久水面像元在近红外波段反射率的比值来反演流速，但相比于遥感反演河流水面宽度与高程的研究，上述研究方法尚未在全球范围内得到广泛评估。另一个值得关注的问题是从遥感观测的河流水面流速需转化为断面平均流速才能用于流量估算。

另外一个可以从卫星遥感数据反演的与流量紧密相关的变量是河流水面坡度。从数字高程模型中测量一定长度河道的高程差可直接计算出该河段坡度。Le favour et al.（2005）使用了 SRTM 高程数据对亚马逊河流域河道坡度进行了计算。他们的研究同时建议需要选择一定长度的河段来进行测量，以降低高程数据的误差对河道坡度估算的影响，对 SRTM 数据来讲，高程观测误差在 4.7～9.8m 之间（Rodriguez et al.，2006）。基于不同版本的 STRM 高程数据，Lehner et al.（2008）和 Yamazaki et al.（2019）分别建立了一套全球河网分布和河流属性数据集，可用于提取河道坡度。从数字高程模型计算的静态河道水面坡度，无法反映河流的动态变化。通过使用不同河道断面间星载雷达测高计观测水面高程差来对河流水面坡度进行估算的方法更具优势。测量临近两条轨道与河道交叉点处卫星观测水面高程来计算两点间的高程差之后，根据两点间河道距离即可估算河道水面坡度。Birkinshaw et al.（2014）基于 ENVISAT 雷达测高数据估算了湄公河与鄂毕河（OB River）三个河段水面坡度。使用 Jason - 2 观测，Bjerklie et al.（2018）对北美阿拉斯加地区育空河（Yukon River）两个河段水面坡度动态变化进行了反演。受到星载雷达测高一维观测特性的影响，测量坡度的两点观测间必然存在一定的时间间隔，因而不适用于洪水快速上涨和消落时期的河流水面坡度观测。

1.2.4　基于经验关系的遥感流量估算方法

对于河流某一特定过水断面，通过卫星同步观测计算流量需要三要素：河流水面宽度、平均水深（水面高程）及平均流速。有许多学者通过建立可获取的遥感观测与实测流量经验关系的方式，尝试从遥感观测来估算河道流量。其本质是通过所能获取的观测数据来估算上述三个要素的数值，之后用于推算流量。表 1.1 是对此类研究中所建立经验关系的梳理，可分为单变量关系与多变量关系。

建立单变量关系的卫星观测包括河流水面高程和水面宽度。其中水面高程的关系与地面水文站所建立的水位-流量关系类似。例如，Leon et al.（2006）将 TOPEX/Poseidon 和 ENVISAT 的星载雷达测高计观测的水位数据与由河流汇水模型模拟的流量进行拟合，得出南美洲亚马逊河流域内格罗河上游 21 个"虚拟流量站"的水位-流量指数关系。基于地面实测水位与流量间的经验关系，Bogning et al.（2018）使用 Jason-3 及 ERS-2 等七种雷达测高观测对非洲的奥果韦河流量进行了观测。河流水面高程是估算流量最有效的变量，但是当前的直接卫星观测仅限于使用星载雷达测高计，限制了其在遥感估算流量中的应用。在某些横断面形状近似矩形的河道，其水面宽度对流量的变化并不十分敏感。但是考虑到河流水面范围或宽度几乎可以从所有类型的卫星遥感影像中获取，有不少学者也开展了基于遥感河宽的流量估算研究，通常是基于表 1.1 中的单站水力几何关系（at-a-station hydraulic geometry relation）展开的。例如，Smith 等（1995 年，1996 年和 2008 年）基于 ERS-1 SAR 影像 MODIS 多光谱影像反演出北半球高纬度地区辫状河流形态特征，探究了河道流量和有效水面宽度之间的数学关系。在河流水面宽度与水面高程关系可获取的情况下，Zhang et al.（2004）在长江流域使用高分辨率 Quick-Bird 全色影像反演河流的水面宽度，之后转化为水面高程估算河道流量。这些基于单变量遥感观测的经验公式其实是用一个变量的变化来估算另外两个变量的变化，经验关系的参数取决于所观测河道的水力学特征，很难直接移植到其他河流。

为了更加准确地量化河道流量变化特征以提升估算精度，有许多学者采用从遥感数据中观测的多个河流水力学变量（Sichangi et al.，2016；Bjerklie et al.，2005）来构建估算河道流量的经验公式，如表 1.1 中的多变量公式。除了与水面宽度及高程相关的变量以外，还包含与河道坡度与河流弯曲程度这两个可从遥感数据中观测的变量，用以间接地对流速进行定量描述。类似于谢才与曼宁公式的阻力方程，包含河流水面宽度、高程（衡量水深）与坡度的公式目前应用最为广泛。使用该类公式的一个难点是如何将卫星观测的水面高程转化为水深，Birkinshaw et al.（2014）提出了一种基于邻近站点枯水期实测流量估算水面高程最低值的方法。同样这些多参数经验关系中的参数值取决于河道断面形状及河道粗糙程度等要素，很难通过物理定律进行推求。流量数据与遥感水力学信息的回归分析是获取这些经验参数值的唯一途径，因而仍然无法摆脱对于实地流量观测的依赖。

表 1.1 遥感河流流量估算经验公式

	经验关系公式
单变量	$W_e = aQ^b$
	$Q = c\,(H - H_0)^d$
多变量	$Q = k_1 \cdot W_e^{\,e} \cdot Y^f \cdot S^g$
	$Q = k_2 \cdot W_e^{\,h} \cdot V^{\,i} \cdot S^{\,j}$
	$Q = k_3 \cdot W_e^{\,k} \cdot V^{\,l}$
	$Q = k_4 \cdot W^{*\,m} \cdot Y^{*\,n} \cdot Y^o \cdot S^p$
	$Q = q \cdot W_e^{\,r} \cdot \xi^s$

注 Q 是流量；W_e 是河流水面宽度；H 是水面高程；H_0 是河床底部高程；Y 是河流平均水深；S 是河道坡度；W^* 是齐岸宽度；Y^* 是齐岸平均深度；ξ 是河道弯曲度；$a \sim s$ 是经验参数。

1.3 缺资料地区流域水文模型参数估算研究进展

流域水文模型是描述流域降雨径流过程的数值模拟模型。所谓降雨径流过程，即大气降水降落至陆面，在被植被冠层截流之后，净雨落至地面通过下渗成为土壤水，在重力作用下部分土壤水补给地下水；部分降水以冠层截流水和土壤水蒸发以及植物蒸腾作用重新返回大气；另外一部分降水则以地表径流、壤中流以及地下水流方式汇集至河道，之后河水沿着河道由上游运动至流域出口的过程。将整个流域当作一个系统，流域水文模型将降水时间序列数据作为驱动数据，进而计算流域河道出口断面流量的时间序列。当前水文模型的主要应用领域包括短期水文预报，中长期水资源规划与评价，评估气候变化、土地利用变化以及水土保持措施、农业管理措施对流域尺度水量水质过程影响等。

根据水文模型对于系统行为的描述方式，可将水文模型分为黑箱模型、概念性模型和基于物理机制的模型。其中黑箱模型是不考虑降水如何形成河道径流量的物理过程，而是根据同期观测降水和径流量数据推测两者之间关

系的模型，比如基于谢尔曼提出的单位线法的模型、基于大数据的人工神经
网络模型等。基于物理机制的模型则采用基于物理定律的微分方程描述地表
水流（坡面流与河道汇流）及地表以下水流（土壤水流与地下水流），当前
最具代表性的具有完全物理机制的模型是 SHE 模型。概念性模型采用逻辑
过程描述降雨径流过程，通常该类模型由一系列水分存贮单元组成，采用简
单数学方法来描述各存储单元之间水流的传输，是当前应用最为广泛的一类
流域水文模型，其中具有代表性的有国外的萨克拉门托（Sacramento）模
型、水箱（Tank）模型以及我国的新安江模型。根据模型对于流域内各水文
循环要素空间异质性的描述程度，水文模型又可分为集总式和分布式。集总
式水文模型不考虑流域内部的空间异质性，而是将整个流域看作一个水文特
征均一的整体，比如本书研究使用的 HYdrological MODel（HYMOD），便是
集总式水文模型的一个典型代表，因其模型结构较为简单，经常用于需要多
次重复运行的模型参数自动率定与不确定性分析研究。分布式水文模型则考
虑流域内的空间异质性，将流域划分为多个子流域或者规则的网格单元。每
个单元的驱动数据不同，也可根据每个单元的特性，设置一套独立的参数。
同时模型将从流域上游到下游模拟各单元间的水流流动，SWAT（Soil and
Water Assessment Tool）模型与 VIC（Variable Infiltration Capacity）模型分
别是当前最具代表性的子流域型与网格型分布式水文模型。遥感和地理信息
系统技术近年的飞速发展极大地支持了分布式水文模型的建模数据需求，使
得该类模型日渐流行。上述关于水文模型的分类并不是绝对的，有些模型兼
具几类模型的特点。在实际应用中，并不是模型结构越复杂、物理机制越
强、对空间异质性描述的越精细，模拟的效果会越好。每种模型都有其特定
的适用场景，需要根据建模的目的、可获取的数据来选择合适的模型。这也
是当前有非常多不同结构水文模型存在的原因。

　　流域水文模型通常用来模拟流域尺度的水文循环以及预测代表整个流域
内所有水文过程综合输出的流域出口河道流量。概念性水文模型中，大部分
参数是经验性的，没有明确的物理意义，基于径流量数据率定水文模型来确
定参数值是很有必要的（Gupta et al.，2005）。对于基于物理机制的模型，
虽然模型参数具有可实际观测的明确物理意义，但是实地测量和模型模拟的
时空尺度不同，因而难以直接将实地测量值应用于水文模型，因而该类水文
模型的参数通常也是通过基于水文数据率定模型的方式获得。然而，由于资
金和人力资源方面的限制，全球河道流量水文监测网的覆盖面范围在下降，
尤其是在发展中国家，这成为在水文水资源研究与解决实际工程问题上应用
流域水文模型的一个主要障碍（Hrachowitz et al.，2013）。如何在不具备率
定水文模型所需长时间序列水文数据的流域获得反映水文循环特征的参数

值，是过去二十年来水文模型领域的一个重要科学研究问题，当前研究主要从以下几个方面开展。

1.3.1 基于信息传递的参数区域化估算方法

水文模型领域最常用的方法是区域化方法（regionalization），即使用在有流量观测流域通过模型率定获得的参数值推算缺资料地区模型参数值的方法（Merz et al.，2004）。参数移植的依据包括无资料流域与有观测流域的空间邻近性（Merz et al.，2004；Vandewiele et al.，1991）和流域水文循环特征的相似性（Sellami et al.，2014；McIntyre et al.，2005）等。应用最为广泛的是通过在大量有观测流域建立流域属性和模型参数之间的统计学关系，之后将缺资料流域的属性数据作为输入，利用建立的统计学关系推求参数值（Bastola et al.，2008；Seibert et al.，1999）。该方法对于解决缺资料流域的水文模型率定难题起到了极大的促进作用。但是从流域气候条件和土地覆盖的时空异质性角度来看，这种将信息由有观测流域向无资料流域的移植方法受到诸多因素限制（Revilla‐Romero et al.，2015；Sivapalan et al.，2003），包括有观测流域与无资料流域相似性高低、水文模型结构不确定性、所建立统计学关系的不确定性等。另外，难以从模型模拟效果角度对参数值的优劣进行评判亦是该方法一个短板。

1.3.2 基于其他水文循环变量数据的参数率定方法

近年来许多学者开展了使用水文循环过程的其他变量观测数据率定水文模型的研究，以此尝试在缺资料流域获得合理模型参数值。这些数据包括实地或者遥感观测的蒸散发（Vervoort et al.，2014；Winsemius et al.，2008；Immerzeel et al.，2007）、土壤水蓄满区域空间范围（Blazkova et al.，2002；Franks et al.，1998）、地下水水位（Cheng et al.，2014；Lamb et al.，1998）及土壤水存储量变化（Qiao et al.，2013；Werth et al.，2009）等。通过多目标优化、贝叶斯更新或模糊理论等方法将这些信息用于水文模型参数率定过程。以上研究的共性结论是这些数据能够提高与其紧密相关水文循环过程参数的可识别性。但是同时也意识到，这些数据并没有和径流量观测数据相似的可约束水文模型参数的能力，因而无法完全取代水文数据在流域水文模型参数率定中的重要作用。

1.3.3 基于少量实测流量数据的参数率定方法

无资料地区长时间序列的径流量观测数据虽然难以获得，但通过实地观测方式获得短时间序列径流量观测数据是可行的。充分认识到流量数据在水文模型参数率定过程中的重要地位，同时考虑到在缺资料流域难以获得长时间序列径流量观测数据的现实，Perrin et al.（2007）；Seibert et al.（2009）；Tada et al.（2012）分别探索了水文模型到底需要多少流量数据才能获得合理反映流域特征的模型参数值。研究发现对于集总式概念性模型，采用非常少量的径流量观测，甚至在某些流域只需要 10 个径流量观测数据，即可通过模型率定获得能够很好地再现实测水文过程的模型参数值。Perrin et al.（2007）认为，使用少量流量数据率定获得的模型参数值比通过参数区域化方法获得的参数值能够更加合理地反映流域特征。因此通过非常规观测手段或估算方法获得少量径流量数据对水文模型参数率定仍具有重要作用。

1.3.4　基于遥感流量信息的参数率定方法

随着遥感技术不断发展，许多与河道流量密切相关的水力学信息可以通过卫星遥感观测获得。利用这些遥感观测数据推算流量的潜力在过去几十年内得到广泛认可（Negrel et al.，2011；Schumann et al.，2009；Smith，1996）。最近十年有学者成功使用遥感观测的流域出口河段水面宽度、水位代替流量数据对水文模型进行率定，对该类研究的总结见表1.2。应用该方法最关键的问题是，为了将模型率定目标变量由流量转移至水面宽度或水位，需要对水文模型添加一个水力学模块来描述流量与水力学变量两者之间关系。已有研究可根据是否需要地面观测数据获得水力学模块参数值分为两大类，其中不需要地面观测数据的方法对缺资料流域研究具有重要意义。

表1.2　利用卫星观测河宽、水面面积或水位来率定水文模型的研究总结

研究人员	所使用遥感观测/空间分辨率	描述流量与卫星观测值之间关系的方法	地理位置/流域规模	水文模型/参数率定方法	关键发现
Montanari et al.（2009）	通过 ENVI-SAT/ERS - 2 图像和 LiDAR 高程数据融合估计分布式水位	一维洪水淹没模型	位于法国和卢森堡的 Al-zette 流域/356km^2	Nash IUH+HEC - RAS/用随机生成的参数集运行模型	（1）遥感数据有助于评估场次洪水过程中流域土壤水饱和状态。（2）从合成孔径雷达影像反演的洪水信息的误差太高，无法有效率定多维参数空间。（3）无

续表

研究人员	所使用遥感观测/空间分辨率	描述流量与卫星观测值之间关系的方法	地理位置/流域规模	水文模型/参数率定方法	关 键 发 现
Getirana (2010)	ENVISAT 星载雷达测高数据/350m	使用地面观测的统计回归得出的经验关系	南美洲 Branco 流域/97437km²	MGB-IPH /MOCOM-UA	（1）模拟效果与用流量数据校准后的模拟效果相当。（2）误差似乎不是获得最优模拟流量过程的限制。（3）无
Sun et al. (2010)	从 JERS1 图像中提取河宽/12.5m	断面水力几何（AHG）；通过从卫星观测率定获得参数	流经我国和东南亚湄公河流域/545000km²	HYMOD /GLUE	（1）对于流域水文模型，卫星观测河宽可有效替代实测径流量数据率定模型。（2）无。（3）无
Milzow et al. (2011)	ENVISAT 星载雷达测高数据/350m；ERS2 测高数据/350m	SWAT 模型的一维流量汇流模块	非洲 Okavango 流域/170000km²	SWAT /SCEM-UA	（1）测高数据对于率定与河道形态相关模型参数是有效的。（2）无。（3）无
Sun et al. (2012)	TOPEX/Poseidon 星载雷达测高数据/600m	AHG 关系；通过从卫星观测率定获得参数	北美密西西比河/247600km²	HYMOD /DREAM	（1）率定后水文模型作出相当合理的径流量预测。（2）测高数据误差对基于水文模型流量估算的影响较小。（3）无
Zhang et al. (2013)	AMSR-E 影像/25km	二次多项式关系；参数来自使用实测站数据的回归分析	非洲 Cubango 流域/413000km²	HYMOD /DREAM	（1）经卫星观测率定的模型性能类似于使用流量数据率定的模型。（2）无。（3）无
Getirana et al. (2013)	ENVISAT 星载雷达测高数据/350m	适用于高河宽河深比断面的基于矩形断面形状的曼宁方程；	南美洲的亚马逊河/165501km²	HyMAP（基于 CaMa-Flood+ISBA）/MOCOM-UA	（1）在参数优化过程中使用雷达测高观测得到了合理的参数值。（2）无。（3）无

续表

研究人员	所使用遥感观测/空间分辨率	描述流量与卫星观测值之间关系的方法	地理位置/流域规模	水文模型/参数率定方法	关 键 发 现
Liu et al. (2015)	LANDSAT 提取水面范围/30m；ENVISAT 星载雷达测高数据/350m	基于简化河道断面形状的曼宁方程；基于卫星观测的率定获得参数	北美红河/82129km²	SWAT/遗传算法	（1）该方法能够估算大型无观测河流的流量。（2）相对较小的误差可能不会对流量模拟精度产生严重影响。（3）无
Revilla-Romero et al. (2015)	被动微波数据产品(AMSR-E, TRMM)/0.09°	线性关系；参数基于地面观测的回归分析	非洲，欧洲，北美洲和南美洲 30 个站点/27650km²（最小）	LISPOLD (GLOFAS 系统)/DEPA	（1）洪峰时间和洪量预测得到了改善。（2）无。（3）无

注　在最后一栏从三个方面总结关键发现：①遥感数据用于模型率定的有效性；②卫星观测误差对模型模拟的影响；③在实际应用中减少模拟不确定性的方法。

1.4　本研究的特色与创新之处

本研究通过将流域水文模型与流域出口断面水力几何关系串联的方式，将水文模型输出变量由河道流量转化为水面宽度或水面高程，以降低卫星观测水面宽度或水面高程与串联模型模拟值差距为目标，采用普适似然不确定性分析方法（Generalized Likelihood Uncertainty Estimation，GLUE）优化流域水文模型与水力几何关系参数值并分析模拟不确定性，最终将经过优化的水文模型单独应用于河道流量预测。该方法首次将卫星遥感反演的多时相河流水力学信息应用于水文模型率定，从而为解决缺资料流域水文模型参数率定水文水资源学科的科学难题提供了一种创新性的解决方案，其特色与创新之处如下：

（1）构建了一种完全不依赖地面观测的缺资料流域水文模型率定方法。通过构建水文模型与出口断面水力几何关系串联模型，原本作为模型输出的河道流量成为串联模型的模拟过程变量，率定模型所需的河道水面宽度或水面高程数据通过卫星遥感数据反演获得，描述河道流量与水面宽度或高程关系的断面水力几何关系参数的获取则与水文模型参数一样通过模型率定获得。在整个参数率定过程中不需要流域出口断面任何地面观测数据，从而适合解决完全无地面观测流域水文模型参数率定问题。

（2）实现了定量化评估卫星观测误差对水文模型流量估算的影响。遥感观测误差通常大于实地观测，因而在使用遥感数据进行水文变量估算时，估算精度是一个无法回避的问题。本研究基于水文模型率定中的异参同效现象，将遥感水面宽度或水面高程模拟精度达到既定阈值的多组参数都应用于河道流量估算。将每组参数对于遥感数据重现度定量评估的结果作为衡量参数组优劣的标准，进而构建每个时间步长内流量模拟值的条件概率分布函数，用以构建评价流量估算不确定性大小的方法，实现了对卫星观测误差对水文模型流量估算影响的定量化评估。

（3）开放灵活的参数率定方法易于融合各类新观测数据提升模型精度。断面水力几何关系是在无任何其他河道信息情况下对于流量和水面宽度或水面高程水力学关系最简单的经验型描述方法。若有关于河道断面形状或坡度等信息，该水力学关系可以更新为更具有物理机制的模型以提升准确性。同时在缺乏长时间序列流量观测信息的背景下，可根据与流量相关的软性信息或其他水文要素观测数据对普适似然不确定性分析方法筛选出的优秀参数组进行再次优选，从而提升模型模拟精度并降低模拟不确定性。

第2章 遥感水力学信息率定水文模型方法

2.1 河流流量数据在流域水文模型参数率定中的作用

模型是遵循特定条件的数学或物理系统，通过它在外界驱动条件下的反馈来理解现实世界中存在的物理、生物或社会系统。一般来说，水文模型是在流域尺度下描述降水如何转化为径流过程的数学模型，其主要用于工程性研究或河道流量预测。模型的输入是降水量等气象驱动数据，其输出通常是流域出口断面的流量。作为描述降水被植被叶面截流，净雨落至地面后，水分在重力驱动下下渗至土壤内，以地表径流、壤中流或地下水流的形式运移至河道，进而通过河道汇流至流域出口等物理过程的数学方程的集成，流域水文模型包含具有物理属性的或经验性的模型参数。为了使用模型进行可靠的模拟或者预测，模型参数值应能充分反映目标流域水文循环特征。在大多数情况下，由于水文过程观测空间尺度与模型模拟尺度不同，并且水文循环过程具有高度时空异质性，因此直接将实地测量获得的具有物理基础的模型参数值，最终应用于流域尺度的水文模型中也会带来误差。在模型应用过程中为了获得可靠的参数值，基于实测数据对模型参数进行率定是必要过程之一。河道流量是整个流域水文循环的总输出，包含了所有水文过程的信息。同时，相比于蒸散发、土壤湿度等其他水文观测，流量测量更加精确和可靠。上述原因决定了流量数据是率定水文模型的主要观测数据类型。

模型参数率定是一个拟合曲线的过程，即试图通过调整模型参数值使模型模拟结果尽可能逼近观测值。流域水文模型通常有两种参数率定方法：手动率定与自动率定。手动率定方法是采用人工对参数进行调整的反复试错过程，使在某一历史时期内流域出口河流流量的模拟水文过程曲线与实地观测的水文过程曲线尽可能接近。通过模型模拟结果对洪峰出现时间、洪水水量以及退水曲线等水文关键过程的重现程度，有经验的建模科学家可以对控制流域产流或汇流具体过程的关键参数值进行调整以进一步提升两者的拟合程度。实测流量过程曲线包含丰富的流域水文过程信息，通过手动率定获得的水文模型参数值通常能够反映该流域水文循环物理过程特征。但是手动率定方法能否成功实行取决于建模科学家对于流域水文过程的主观理解程度，这通常需要花费大量时间且难以判断是否已经获得数学最优解。随着计算机软硬件技术、遗传算法以及机器学习算法的蓬勃发展，参数自动率定方法即参数自动优化方法及其工作效率在过去二十年得到极大进步。参数自动优化方法需要采用一个或多个目标函数定量描述模型模拟值和实测值之间的差异，将随机产生的模型参数空间样本输入模型，通过模拟结果对应目标函数值判断该参数空间样本对于观测流量过程曲线的重现程度。根据所有样本目标函数值的概率分布继续寻找参数空间中能够提升模拟效果的区域，最终得到参数值的全局最优解。参数自动率定方法对建模科学家的主观经验依赖程度较小，在一定程度上可以提高模型率定的时间效率和客观性。参数率定就是在参数空间内寻找能够最大化重现观测水文过程曲线位置的过程。完全将参数优选看成一个优化目标函数值的数学过程，因而所得到的最佳参数值是数学最优解，不一定能够反映流域实际水文物理过程的特征。综上所述，参数手动率定和自动率定各有优势，目前通常将两者结合起来开展水文模型参数率定。

一个能够反映流域水文循环特征的水文模型应该具有以下三个特征（Singh，1995）：第一，模型的输入－状态－输出行为与通过实地观测的流域水文循环过程一致，尤其是对于流域出口断面河道流量过程的表征；第二，模型的预测通常偏差很小且模拟不确定性低；第三，模型的结构和性能与对于流域水文过程的实际认知保持一致。在水文学科内的共识是，能够满足上述三个条件的模型一般需要通过使用水文数据率定参数后才能获得。缺资料地区水文模型参数估算问题其实就是在缺乏实测水文数据下如何获得满足上述三个条件水文模型的一个极限科学挑战。对于河道流量这一水文循环过程的关键表征变量，其数值与所在断面的水面高程和水面宽度紧密相关，而这两个水力学变量是可通过遥感观测进行反演进而代替流量观测率定水文模型。能够成功重现遥感观测的水文模型参数，亦能重现河道流量过程，这是本研究的第一个假设。通常在模型率定过程中会尽可能使用长时间序列水文数据来把握流域特征。然而有研究显示，使用少量水文数据也具有有效率定水文模型的可能性。卫星观测受其重现期的影响，一般观测时间间隔大于地面观测，从几天到几周不等。使用低时间分辨率的卫星观测亦具有成功率定水文模型的可能性，这是本研究的第二个假设。为了顺利实现该方法，首先需要建立描述河道水力学变量与流量的数学模型并与水文模型进行串联。其次，低空间分辨率的卫星观测使得通过目视衡量卫星观测与模型模拟值之间的差别变得十分困难。因此，需要基于水文模型结构的变化与遥感观测数据的特征，选择适宜的参数自动率定方法。

2.2 设定河道水力学变量为水文模型率定目标的方法

2.2.1 河道水力变量与流量之间关系

河流流量是单位时间内流经河道某一横断面的水流体积，定义如下：

$$Q = AV = WDV \tag{2.1}$$

式中 Q——河流的流量，m^3/s；

       V——断面平均流速，m/s；

       A——过水断面面积，m^2；

       W——过水断面水面宽度，m；

       D——过水断面平均水深，m。

同时对 W、D 和 V 开展实地观测，式（2.1）即可对当时河道流量进行计算。但是对于长时间序列连续观测，持续对上述三个变量进行测量将耗费大量时间与人力资源。其中 D 是三个变量中相对容易观测的一个变量，可通过对水位的观测快速估算。现有水文观测站一般会在不同水期选择具有代表性时刻对 W、D 和 V 开展实地观测，之后建立流量与对应水位的拟合关系：

$$Q = \alpha (H - H_0)^\beta \tag{2.2}$$

式中 Q——通过实地观测后根据式（2.2）计算的流量；

       H——Q 对应的观测水位；

       H_0——断面底高程；

   α 和 β——两个经验参数，取决于断面形状及粗糙度。

不同水位下 W 和 V 的变化，隐含地被代表平均水深 D 的（$H-H_0$）的变化定量描述。H_0、α 和 β 三个参数值一般通过流量观测值和相应的 H 进行回归分析得到。在水文站建立可靠的水位-流量关系后，即可通过对水位的连续测量实现对河道流量的连续观测。

在同一流量下，不同河道对应的 W，D 和 V 值是不同的。从河流形态学角度来看，这三个变量的变化与对应的河流流量变化间的关系具有一定的地貌学意义。这是 Leopold et al.（1953）提出的断面水力几何关系（at-a-station hydraulic geometry）的理论基础。该理论以描述河流水深、水面宽度及流速等水力学变量与河道流量间的幂函数关系描述河流地貌特征：

$$W = aQ^b \tag{2.3}$$

$$D = cQ^f \tag{2.4}$$

$$V = kQ^m \tag{2.5}$$

其中 a、c、k 与 b、f、m 是经验参数。河流流量是 D、W 和 V 的乘积，因此从理论上讲，b、f、m 这 3 个指数的总和与 a、c、k 这 3 个系数的乘积都等于 1。

水力几何关系是一种定量分析河流地貌的常用方法。一般通过在不同水期多次测量获得的河流水力变量及同期流量之间的回归分析获取关系中的经验参数。该理论已被应用于许多水文学研究中，如河流泥沙运移频率分析（Dingman，2002）、洪水演进（Orlandini et al.，1998）、河流滨岸带生物栖息地分析（Jowett，1998）等。

本研究将水力几何关系作为描述河流水力学与流量之间关系的选项之一。在假设 D，W 和 V 三者之间与 Q 存在具有彼此独立的数学关系的情况下，如果式（2.3）～式（2.5）中函数相应的经验参数值是已知的，则河流流量可通过这 3 个水力变量中的任何一个进行估算（Smith et al.，2008）。Smith et al.（1995 年，1996 年和 2008 年）证实了方程在描述地面测量的河流流量值与从卫星遥感观测到的河流水面宽度值之间关系的适用性。由于卫星遥感仅可对水面高度进行测量而无法对河流的深度进行估算，以往基于遥感水位估算流量研究（Coe et al.，2004；Kouraev et al.，2004；Leon et al.，2006）采用下述公式描述两者之间关系：

$$H = cQ^f + H_0 \tag{2.6}$$

水力几何关系是描述流量与水力学变量之间关系最简单的一种方式，由于其建模所需信息量最小，在缺资料地区具有广泛应用潜力。它假设河道流量增加时河道摩擦力和水面坡度不发生变化，因而不适合受回水效应影响较大的河流。

在河道断面形状已知的情况下，曼宁公式是比水力几何关系更具有物理意义的数学描述：

$$Q = \frac{1}{n} \times R^{2/3} \times S^{1/2} \times A \tag{2.7}$$

式中　n——曼宁粗糙系数，是综合反映河道粗糙程度对水流流动阻力的系数；
　　　S——河道的坡度，m/m；

R——水力半径，m；

A——水流通过的河流横截面的面积，m^2。

曼宁公式中的要素可以分为两类：第一类与河流横截面形状有关，即 R 和 A；第二类与水流重力和河道阻力间平衡相关，即 n 和 S。随着遥感技术的快速发展，可通过卫星高分辨率立体像观测或无人机倾斜摄影观测获取空间分辨率为米级的地形信息，用于提取大型河流的横断面形状。根据横断面形状信息可推导出不同高程（H）下对应的河流横断面宽度（W），进而可得到河流水面宽度（W_e）和水力半径（R）关系 $R=h_1(W_e)$ 和 W_e 与水流占据的横断面面积（A）之间的关系 $A=h_2(W_e)$。基于上述两个关系，曼宁方程可转化为新形式：

$$Q=\frac{1}{n}\times[h_1(W_e)]^{2/3}\times S^{1/2}\times h_2(W_e) \tag{2.8}$$

通过由高分辨率地形数据推导出的 W_e-R 和 W_e-A 之间的数学关系可分别计算得到 h_1 和 h_2。将 n 和 S 视为 2 个相互独立的参数，则式（2.8）可转换为单自变量函数：

$$Q=h(W_e\,|\,n,S) \tag{2.9}$$

则其反函数可视作河流流量和河流宽度之间关系的物理表达：

$$W_e=h^{-1}(Q\,|\,n,S) \tag{2.10}$$

式（2.10）的优点在于其糙率参数 n 可根据经验进行估算，坡度 S 具有物理意义可通过现场或卫星测量而获得。相比于水力几何关系，基于曼宁公式的关系融合了更多关于河道断面的信息，对河流流量与水面宽度之间的关系描述更为精细。

2.2.2　流域水文模型率定目标的转换

从本质上讲，降雨—径流模型可以被视为一个如下的系统：

$$Q=f(I\,|\,\eta) \tag{2.11}$$

式中　I——系统输入，包括降雨量、潜在蒸散发等气象驱动数据；

Q——系统输出，即流域出口处河道流量；

η——模型参数组；

f——表示系统结构的函数集合。

模型的率定是通过选择适当模型参数值，使得模型输出尽可能拟合流域出口实测流量的过程。通过率定得到的参数值被认为正确反映了流域降雨径流过程的特征。

本研究通过构建 2.2.1 中提出的河道水力学变量与流量之间的关系，本质上是建立了通过遥感反演的河流横截面水面宽度或水面高度与河流流量之间的独立函数关系。无论是基于水力集合关系或者基于曼宁公式，这些函数可以概化表达为

$$Z = g(Q \mid \lambda) \tag{2.12}$$

式中　Z——流域出口断面的水面宽度或的水面高程；

　　　λ——反映该断面水力学特征的参数；

　　　g——所选定的水力学模型，即水力几何关系或者是基于曼宁公式的函数，即如式（2.3）和式（2.6）基于幂函数的简单形式，或者如式（2.10）更具物理意义的形式。

本研究将式（2.12）用于将率定流域水文模型的观测数据由出口断面实测的流量时间序列数据替换为通过遥感观测的河流水面宽度或者水面高程数据。通过将水文模型［式（2.11）］与水力学关系［式（2.12）］进行串联的方式，将水文模型模拟的流量通过式（2.12）转化为河流水面宽度或者高程。这样的串联使得原本作为水文模型输出变量的河道流量变为集成模型（水文模型＋水力学模型）的状态变量，而水面宽度或高程变为集成模型的输出：

$$Z = F(I \mid \theta) \tag{2.13}$$

式中　I——与水文模型输入相同；

　　　Z——河流宽度或水面高程；

　　　θ——集成模型参数的矢量，包括 η 和 λ；

　　　F——包含水文模型 f 和水力学模型 g 的集成模型。

该模型的率定过程是通过调整 θ 中每个参数的数值实现模型模拟值与卫星测量值之间的良好拟合。该方法消除了模型率定对河流流量数据的依赖，在缺资料流域地区有着广阔的应用前景。在模型模拟值向卫星观测结果逐渐逼近的过程中，水力学模型参数 λ 如同水文模型参数 η 一样得到率定，而不需要使用任何地面观测信息来获取参数值。通过率定获得的模型参数值被认为正确地反映了流域降雨-径流过程的特征及流域出口断面流量与河流水面宽度或水面高程水力学关系特征。在使用异于模型率定期的卫星数据对模型精度进行验证之后，该集成模型可用于预测河流水面宽度或高程。同样，通过率定的流域水文模型可以单独用于估算模型率定期的连续流量时间序列。整个估算流量的过程如图 2.1 所示。

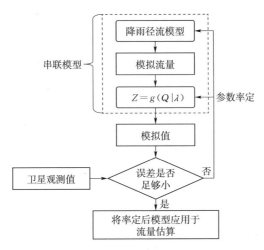

图 2.1　估算河道流量方法流程

在该模型率定框架下，水力学模型方程式中的参数被视为与流域水文模型参数一样，是不随时间变化的定值。这种对水力学关系时不变的假设决定了本方法仅适用于率定期河流断面形状未发生显著变化的河段，即河流形态未受侵蚀、沉积过程或人类活动的强烈影响。同时本方法不适用于受回水现象影响较大或形状起伏较大的河流断面，比如位于洪泛区的河道。

2.3　参数自动率定与模拟不确定性分析方法

集成模型的输出结果是河流宽度或水面高程的时间序列。由于卫星观测的不连续性导致率定模型的数据量有限，使得基于河流水力学变量时间变化的模拟值和观测数值之间进行视觉对比的手动参数率定无法实现。因此，在集成模型的率定中需采用参数自动率定方法。模型率定是降低参数不确定性并最终降低模拟不确定性的过程。由于对模型进行手动率定比较耗时并且在某种程度上受到建模科学家的主观影响，目前针对参数自动优化算法的需求较多。参数自动率定过程通常是一个在参数空间中寻找能够最优化目标函数值位置的过程。由于模型结构、数据和率定方法的限制，在流域水文模型中存在一个常见的现象，即采用许多完全不同的参数值的组合进行模拟得到的模型模拟结果十分相似，这种现象被称为异参同效（Equifinality，Beven，Binley，1992；Beven，1993）。有两类自动率定方式试图缓解异参同效现象。第一类方法认为，没有一个单目标函数能够完全捕捉到观测数据中所蕴含的流域水文循环过程的重要特征（Yapo et al.，1998）。因而采用多目标函数进行参数优化实现对观测数据的深度挖掘是十分重要的。另一种方法认为，除非发现明显证据表明某一参数组无法准确反映流域特征，否则所有模拟效果优于一定阈值的参数组都应保留应用于集合模拟。在本书中分别选择非支配排序遗传算法Ⅱ（Non-dominated Sorting Genetic Algorithm Ⅱ，NSGA Ⅱ）和通用似然不确定性估算法 GLUE 作为两种方法的代表率定集成模型。

2.3.1 非支配排序遗传算法Ⅱ（NSGA Ⅱ）

本研究采用 NSGA Ⅱ作为多目标参数自动率定方法的代表。它是一种基于快速非支配排列及精英策略的全局优化算法。该方法只需要很少参数并采用一种简单却有效的约束处理方法（Deb et al.，2002）。它已广泛应用于水文模型率定（Confesor Jr et al.，2007）和水文模型参数的区域化估算（Bastola et al.，2008）。NSGA Ⅱ算法运行流程为：首先，随机产生规模为 N 的初始参数值种群，即基于帕累托前沿（Pareto Front）构建多目标函数评价体系，衡量在每组参数下模拟值对实测值的重现度并对参数组进行排序。之后通过遗传算法的选择、交叉、变异 3 个过程生成第二代子群，将父代种群与子代种群合并，基于帕累托前沿对子群进行排序。之后基于拥挤距离计算新一代子群应具有的规模。之后不断重复上述过程直到结果满足条件后终止程序。NSGA Ⅱ的流程图如图 2.2 所示。

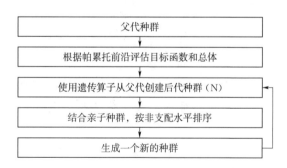

图 2.2　NSGA Ⅱ算法的流程图

针对多目标函数的水文模型参数率定，采用以下方式来进行参数组优选（Khu et al.，2008）：

$$\text{Min}\{OF_1(\theta), OF_2(\theta), \cdots, OF_n(\theta)\} \tag{2.14}$$

式中　　　　　　θ——参数的矢量；

　$OF_1(\theta), \cdots, OF_n(\theta)$——目标函数；

　　　　　　　n——目标函数的个数。

式（2.14）的解由一系列参数组组成，是在不同的目标函数之间进行权衡的基础上生成的。接下来的问题是如何确定哪个参数组是最优解。在 NSGA Ⅱ 中，采用 Goldberg 优势排序算法（Goldberg，1988）对参数组进行优劣排序。当且仅当满足以下要求时，参数集 θ_A 将被视为比参数集 θ_B 具有更高的优势等级：

$$OF_i(\theta_A) < OF_i(\theta_B) \quad \forall \quad i = 1, \cdots, m \tag{2.15}$$

对于 NSGA Ⅱ 中的每一代参数子群，都将基于父代种群随机生成 N 个子群成员。对于每个参数值组合，非支配水平被视为样本的适应度。该代子群及其父代子群共 $2N$ 组参数将基于 Goldberg 优势排序算法进行排序，保留排名前 N 的参数组作为新一代参数子群。

2.3.2　通用似然不确定性估算法（GLUE）

GLUE 是一种用于模型率定和不确定性分析的基于贝叶斯分析的蒙特卡罗方法（Freer et al.，1996；Beven et al.，1992）。除了进行参数率定以外，本研究采用该方法对模拟不确定性进行定量分析，并从率定后得到模型参数的后验分布中挖掘对率定方法有效性的证据。

GLUE 算法摒弃了在参数空间中仅存在一组最佳参数集的思想，而是基于对每一组参数是能够反映流域水文循环特征的优秀参数组的置信度，即似然函数值，将所有参数组划分为两个集合：优秀参数组集合和不能反映流域水文循环特征的非优秀参数组集合。所有优秀参数组似然函数值的分布被用作预测变量的概率权重函数（Beven et al.，1992）。基于上述认识建立模型预测的累积概率分布并同时计算模拟不确定性。GLUE 要求建模科学家做出一些基于流域特征的合理主观选择。本研究中 GLUE 的实施步骤如下：

（1）从参数空间生成随机样本。基于每个参数的先验分布，采用蒙特卡罗模拟生成大量随机样本。在本研究中，在缺乏先验知识的条件下，通常采用涵盖参数可能取值下限和上限的均匀分布为参数的先验概率分布。

（2）计算每组参数的似然函数值并进行优选。似然函数用于量化集合模型模拟值和卫星观测值之间的差异。对于似然函数的选择，GLUE 较为灵活，只需要满足以下两个条件即可：①对于模拟值精度低于一定阈值的所有参数组，其似然函数为零；②随着模拟精度的提升，似然函数值应该单调递增。本研究采用的均方根误差的倒数作为似然函数：

$$L_y[\theta \,|\, Y] = \frac{1}{\sqrt{\dfrac{1}{n}\sum (Y_i - Z_i)^2}}$$ (2.16)

式中　$L_y[\theta \,|\, Y]$——参数组 θ 的似然函数值，用以衡量模型对卫星观测河流水
　　　　　　　　力学变量（即河流宽度或水面高度）模拟的精度；

　　　　　Y_i——第 i 个卫星观测值；

　　　　　Z_i——第 i 个卫星观测时刻，模型对应的模拟值；

　　　　　n——卫星观测的数量。

　　衡量每组参数是否优秀的模拟精度阈值是由建模科学家主观做出的决定。
对于本研究提出的参数率定方法，该阈值取决于所使用的卫星观测特征和模拟
河段的空间尺度。

　　（3）计算优秀参数组的后验似然分布。基于卫星观测数据 Y，似然值概率
分布通过贝叶斯公式得以更新：

$$L_p[\theta \,|\, Y] = C L_y[\theta \,|\, Y] L_0[\theta]$$ (2.17)

式中　$L_0[\theta]$——参数组 θ 的先验似然权重，在本研究中的所有参数组的先验
　　　　　　　　似然权重都是相同的；

　　$L_y[\theta \,|\, Y]$——式（2.16）计算而得到的似然值；

　　$L_p[\theta \,|\, Y]$——后验似然权重；

　　　　　C——一个比例系数，目的是使得所有的参数组的 $L_p[\theta \,|\, Y]$ 之和等
　　　　　　　　于 1。

　　（4）模拟不确定性的评估。似然权重可用于评估参数敏感性和计算任何模
型预测变量的置信区间（Pappenberger et al.，2006）。以似然值加权的预测值
累积概率分布计算如下：

$$P_t(Z_t < z) = \sum_{i=1}^{m} L_p[\theta_i \,|\, Z_{t,i} < z]$$ (2.18)

式中　$P_t(Z_t < z)$——预测变量 Z 在时间步长 t 小于任一 z 值的累积概率；

　　　$L_p[\theta_i]$——参数集 θ_i 的后验似然权重，参数组 θ_i 需在时间步长 t
　　　　　　　　内满足模拟值 $Z_{t,i}$ 小于 z；

　　　　　m——所有满足 $Z_{t,i} < z$ 的参数组的总数。

　　根据每个时间步长的累积概率分布，5% 与 95% 分位对应的模拟值均可获
得，每个时间步长对应的该区间为模拟的不确定性区间。该不确定性区间表征
了在当前模型结构、模型输入和率定数据、模型参数以及在使用 GLUE 方法
所进行的主观选择条件下模型的模拟不确定性。

　　如果由每个时间步长不确定性区间组成的不确定性条带能够涵盖大多数观

测值，则意味着仅靠参数值的变异性可以弥补其他来源的误差，并且可以解释模型输出的全部不确定性（Blasone et al.，2008）。在本研究中，不确定性条带应该覆盖绝大部分卫星观测。同时，该条带要足够窄，以保证模型的预测能力。由于本研究的最终目标是河流流量估算，类似于河流水力学变量，河流流量的不确定性条带从所有优秀参数组的集合模拟中获得，后验似然权重用于量化该参数组精确模拟河道流量的置信度。

第3章　率定分布式流域水文模型所需流量数据量分析

对于率定流域水文模型到底需要多少流量数据，一般的共识是至少需要包含不同水期的多年日流量时间序列数据才能有效率定模型。但是有学者研究已经显示，对于模型结构相对简单、参数数量较少的集总式概念性模型，只需要少量流量数据，甚至于 10 个流量观测即可率定水文模型。上述研究为缺资料地区使用极少量流量数据率定水文模型的合理性提供了依据。在观测时间完全相同的情况下，遥感反演的河流水面宽度或者水面高程数据所蕴含的率定水文模型有效信息量等于或小于同期观测的流量数据。受到卫星运动重现期和传感器运行状态的影响，卫星数据的观测频率大大低于实地日流量观测。确定这些少量遥感观测水力学数据能够提供足够信息识别出代表流域特征的模型参数值是成功应用该方法的前提。但是受到卫星观测在地表的覆盖范围以及数据可获取性的限制，很难在多个流域对所需最少遥感数据量进行探究。具有物理机制的分布式水文模型结构复杂且参数众多，率定模型所需流量数据量应大于集总式概念性模型。本章以在全球得到广泛应用的 SWAT 分布式水文模型为代表，探讨我国不同气候与地理分区四个典型流域率定模型所需最少流量数据量，以期为分析在缺资料地区使用遥感数据率定水文模型的可行性提供一些有价值的见解。

3.1　典型流域概况

为了提高分析结果的普适性，分别在我国东南沿海、西北内陆、青藏高原以及三峡支流处各选择一个代表性流域开展研究，其中晋江流域和东河流域作为湿润地区流域的代表，黑河和雅砻江上游作为干旱地区流域的代表，各流域的具体情况如下（表3.1）：

1. 晋江流域

晋江流域位于福建省泉州市。流域面积为 5629km^2。晋江有两大支流，发源于北部山区，双溪口汇合，随后流向东南部的低地平原地区（海拔范围为 50～1366m）。流域内主要的土地覆盖类型为森林和耕地，主要的土壤类型为水稻土、红壤和黄壤。晋江流域属亚热带海洋性季风气候区，冬季温暖干燥，夏季炎热多雨。降水多集中在夏季，年降水量为 1000～1800mm。在石砻水文站上游流域构建流域水文模型开展研究。

2. 东河流域

东河是三峡水库上游地区蓬溪河的一个主要支流，主河长大约 106km，流域面积为 1089km²。流域内主要的土地覆盖类型为耕地、灌木和草地，主要的土壤类型为平石黄沙质土壤和石灰质黄土壤。东河流域地处温暖湿润的亚热带季风性气候区，年降水量为 1100～1500mm，主要集中在夏季。利用温泉水文站上游流域构建流域水文模型开展研究。

3. 黑河流域

黑河流域地处我国西北干旱地区，是我国第二大内陆流域，面积约为 128900km²。从南部山区到北部高原地区，海拔从约 5000m 下降到 1000m。研究区的海拔从河源的 4700m 变化到莺落峡水文站的 1700m。主要的土地覆盖类型有森林、草地和戈壁，高山草甸土和寒漠土超过整个流域的 74%。该地区属内陆大陆性气候区，冬季寒冷干燥，夏季炎热，年降水量在 400mm 左右。在莺落峡水文站控制的上游山区构建流域水文模型开展研究，面积约为 8843km²。

4. 雅砻江流域

雅砻江起源于青藏高原，是长江上游区金沙江最大的支流。选择甘孜水文站控制的以上流域进行水文建模，流域海拔从 3400 m 变化到 6021m。高原草甸土是该流域主要的土壤类型，灌木草甸是主要的土地覆盖类型。黑河流域属大陆性高原气候，过去 50 年内该流域的平均年降水量大约 530mm，73% 的降水集中在 6—9 月。该流域冬季漫长寒冷，夏季湿润凉爽，全年辐射强烈。在甘孜水文站以上流域共 32535km² 范围内构建流域水文模型。

表 3.1　　　　　　　　　　　　四个研究流域的主要特征

流域	水文站	面积/km²	气候	年降水/mm	年平均气温/(°)	海拔范围/m
晋江	石砻	5629	亚热带海洋性季风气候	1651	20	50～1366
东河	温泉	1089	亚热带季风气候	1247	18	192～2569
黑河	莺落峡	8843	大陆性季风气候	423	6	1711～4749
雅砻江	甘孜	32535	大陆性高原气候	520	8	3400～6021

3.2　水文模型及分析方法设计

3.2.1　SWAT 分布式水文模型简介

SWAT 模型是由美国农业部（USDA）的农业研究中心 1994 年开发的，

初期开发的目的是预测在大流域复杂多变的气候条件、土地利用和土壤类型的综合作用下，土地管理措施对流域水分、泥沙和污染物的长期影响。SWAT模型采用模块化的设计思路，模型模拟过程可以分为水文、土壤侵蚀和污染负荷三个子模块，水文子模块是 SWAT 模型土壤侵蚀模拟和污染负荷模拟的根基，水文过程的适用性与计算精度直接影响土壤侵蚀与污染负荷的模拟结果。流域水文循环主要包括陆地产流阶段和河道汇流阶段。前者主要控制流域河道内水的输入量，后者主要控制河水由河网向河流出口的迁移过程。水量平衡考虑的要素关系为

$$SW_t = SW_0 + \sum_{i=1}^{t} (R_{\mathrm{day}} - Q_{\mathrm{surf}} - E_a - W_{\mathrm{seep}} - Q_{\mathrm{gw}}) \tag{3.1}$$

式中　SW_t——第 i 天土壤最终含水量，mm；

　　　SW_0——第 i 天土壤初始含水量，mm；

　　　R_{day}——第 i 天降水量，mm；

　　　Q_{surf}——第 i 天地表径流量，mm；

　　　E_a——第 i 天蒸发蒸腾量，mm；

　　　W_{seep}——第 i 天土壤剖面下渗和测流量，mm；

　　　Q_{gw}——第 i 天地下水出流量，mm。

产流过程考虑的重要过程如下：

1. 地表径流

地表径流是指一次降雨沿着坡面在地表形成的漫流。SWAT 模型采用 SCS 曲线法计算地表径流量。

$$Q_{\mathrm{surf}} = \frac{(R_{\mathrm{day}} - 0.2S)^2}{R_{\mathrm{day}} + 0.8S}$$

$$S = 25.4\left(\frac{1000}{CN} - 10\right) \tag{3.2}$$

式中　Q_{surf}——地表径流量，mm；

　　　R_{day}——降水量，mm；

　　　S——最大可能滞留量，无量纲；

　　　CN——日径流曲线数，无量纲，与坡度值相关。

2. 土壤水运移

土壤水是指位于地表以下临界饱和带以上的水流。它是植物生长和生存的物质基础，通过植物蒸腾所耗散或直接蒸发，也可以补充地下水，还可形成壤中流。SWAT 模型综合考虑渗透系数、坡面比降、各土层含水量的差异来模拟土壤水动态。

3. 地下水

对于承压水，SWAT 认为它将流出流域，故被视为流域水文循环的损失量。

对于潜水的动态变化，则考虑形成基流、再蒸发、土壤水补给、人为抽取等要素。

$$aq_{sh,i} = aq_{sh,i-1} + w_{rchrg,sh} - Q_{gw} - w_{rcvap} - w_{pump,sh} \tag{3.3}$$

式中　$aq_{sh,i}$——第 i 天浅层含水层的储水量，mm；

$aq_{sh,i-1}$——第 $i-1$ 天浅层含水层的储水量，mm；

$w_{rchrg,sh}$——第 i 天浅层含水层的补给量，mm；

Q_{gw}——第 i 天汇入主河道的基流量，mm；

w_{rcvap}——第 i 天潜水再蒸发量，mm；

$w_{pump,sh}$——第 i 天浅水含水层的抽水量，mm。

4. 蒸散发

蒸散发考虑冠层截流蒸发、植物蒸腾作用、土壤水分蒸发要素等。冠层截流蒸发取决于冠层截流水量与潜在水面蒸发量，实际土壤水分蒸发量，利用土壤深度与含水量之间的关系来进行估算，理想条件下植物蒸腾量由潜在蒸散发与叶面积指数之间的线性关系来计算。

SWAT 模型建模的主要步骤包括：首先基于数字高程数据（DEM）及最小集水面积阈值划分河网及子流域。然后依据土地利用类型、土壤类型和地形坡度的组合阈值划分水文响应单元（HRU），接着输入气象数据，设定模型模拟时段。最后运行模型分别对每个子流域内各水文响应单元产流量进行计算，之后按照子流域上下游关系进行河道汇流计算，最终得到流域出口断面的径流量。

3.2.2 最低率定数据量分析方法设计

本书研究分析最低率定数据量的方法是将使用少量流量数据率定后的模型与使用多年数据率定后的模型用于率定期以外时间段的流量模拟，进而判断使用少量流量数据率定的模型能否达到使用多年数据率定的模型精度。由于人工调参依赖于对模型模拟性能的主观判断，很难保证基于不同观测数据的率定结果之间的差异不受到人为影响，因而采用优化目标函数值的自动参数率定方法势在必行。本研究中选择 GLUE 方法来率定模型参数和分析模拟不确定性。GLUE 将似然函数值大于设定阈值的参数组均选为优秀参数组进行集合模拟，需要进行一些基于建模科学家主观认识的设置，但是这些设定意义明确并且任何时间都可以被检验（Beven et al.，1992），有助于对其合理性进行多次论证。本书研究对于使用不同观测数据的不同批次模型的率定，除了率定所用观测数据不同以外，对于 GLUE 的其他设置保持完全一致，包括所率定的模型参数、参数的先验分布、随机参数组数量，从而保证不同批次率定模拟结果间的差异完全源自率定数据的不同。本书研究基于

GLUE 的参数率定方法如下：

（1）生成随机参数组。选取 10 个 SWAT 模型常用的参数并假设先验分布为均匀分布（Beven et al.，2001）。在设定的参数取值范围内，用拉丁超立方抽样方法对参数进行随机采样，生成 10000 组随机参数。

（2）选择优秀参数组。利用似然函数量化基于每组随机参数值模拟的流量与实际观测时间序列的拟合程度，选定 Nash - Sutcliffe 系数（NSE）作为似然目标函数。

$$NSE = 1 - \frac{\sum (Q_{obs,i} - Q_{sim,i})^2}{\sum (Q_{obs,i} - Q_{obs,avg})^2} \tag{3.4}$$

式中 $Q_{obs,i}$、$Q_{sim,i}$——分别代表 i 时刻的径流实测值和模拟值，m^3/s；

$Q_{obs,avg}$——代表径流量实测值的平均值，m^3/s。

对于确定优秀参数组的似然函数值阈值，考虑到 SWAT 模型对不同流域水文过程模拟的模型结构不确定性进行差异化设定。晋江流域为 0.70，黑河与东河流域为 0.50，雅砻江流域为 0.40。

（3）计算优秀参数组的后验似然值。每一个选出的参数组形成集合模拟系列，基于贝叶斯公式计算每一个参数组的后验似然值（即集合模拟中有效参数组的径流模拟值的权重）。

$$L_p[\theta | Q_{obs}] = CL[\theta | Q_{obs}]L_0[\theta] \tag{3.5}$$

式中 $L_0[\theta]$——参数组 θ 的先验似然值；

$L_p[\theta | Q_{obs}]$——在融入新信息即观测 Q_{obs} 后参数组 θ 的后验分布，用来量化模拟流量对实测流量的拟合度，即上一步计算的似然函数值；

C——使所有参数组似然函数值之和为 1 的比例系数。

（4）集合模拟。在时间步长 t 所有优秀参数组模拟流量的累计概率分布如下：

$$P_t(Q_t < q) = \sum_{i=1}^{m} L_p[\theta_i | Q_{t,i} < q] \tag{3.6}$$

式中 $P_t(Q_t < q)$——模拟径流值 Q_t 小于任意值 q 的累积概率；

$L_p[\theta_i | Q_{t,i} < q]$——满足模拟径流值小于 q 的参数组 θ_i（即参数组）的后验似然值；

m——满足 $Q_{t,i} < q$ 的参数组的数量。

将 2.5% 与 97.5% 分位数对应的模拟流量视为该时间步长内模拟不确定性区间的下限和上限。

基于 GLUE 的集合模拟，从三个方面评价每组率定数据对应的模拟流量效的优劣。第一，将使得似然值最大的参数组对应的模拟径流量时间序列对应的纳什效率系数视为最佳模拟效果，定义为 NSE。第二，95％不确定性区间所包含实测流量的时间步长数量占整个模拟期时间步长总数的百分比，定义为 P_Factor。第三，用所有时间步长的不确定性区间宽度衡量模拟不确定性的大小，定义为 R_Factor，其计算方法如下：

$$R\_Factor = \frac{\sum_{i=1}^{m}(Q_{97.5\%,i} - Q_{2.5\%,i})}{m\delta_{Q_{obs}}} \tag{3.7}$$

式中　$Q_{97.5\%,i}$、$Q_{2.5\%,i}$——分别代表在第 i 个时间步长 97.5％和 2.5％分位数对应的模拟径流量；

　　　　m——模拟期内时间步长总数；

　　　　$\delta_{Q_{obs}}$——模拟期内实测径流量的标准差。

在对比同一流域内不同观测数据对应的率定模型模拟效果时，NSE 与 P_Factor 数值高且 R_Factor 数值低代表模拟效果更优异。

对于每个流域选择 3 年连续日流量观测数据对模型进行率定，使用 2 年或 3 年的日流量数据进行模型验证，将上述率定作为每个流域的基准率定，即在长时间序列日流量观测数据可获取的情况下，效果最佳的模型率定。四个流域基准率定的率定期和验证期见表 3.2。本研究试图探索是否存在和基准率定具有相似率定效果的短时间序列或一定数量的连续日观测数据的可能性，而不是为了确定特定时长的径流量观测数据能够有效地率定水文模型。分布式水文模型模拟所需要时间大幅度高于集总式概念性模型。同时，使用 GLUE 方法需要模型多次重复运行。因此，很难仿照分析概念性模型所需最少量率定数据的研究（Perrin et al.，2007；Seibert et al.，2009），使用大量不同观测数据的组合多次率定模型。为了使本研究运行模型所需时间控制在可接受范围内，必须设计合理的分析策略。本研究使用基准率定数据的子集进行的模型率定的研究分两个阶段进行。第一阶段，用包含丰水期和枯水期的 3 组 1 年的径流量数据和包含丰水期或枯水期的 5 组 6 个月的径流数据进行率定，每个流域用于率定模型的短时间序列数据见表 3.3。如果存在使用 6 个月径流量数据的率定结果和基准率定结果的精度相似，则开始进行第二阶段分析。在该阶段，使用第一阶段中，模拟效果与基准率定类似的 6 个月径流量数据的子集进行模型率定。Kim et al.（2009）以及 Yapo et al.（1996）的研究表明丰水期的数据比枯水期的数据所包含率定模型的有效信息更丰富。由于本研究是为探讨利用一定时间长度的径流量数据率定模型的结果最优的可能性，因此在第二阶段从具有最高平均流量的 6 个月数据中选择平均流量最大的 3 个月、1 个月和 1 周的径流量数据率定模型，从而分析在这三个时间尺度成功率定模型的可能性。

表 3.2 四个流域基准率定的率定期和验证期

流 域	率 定 期	验 证 期
晋江	2005—2007 年	2008—2009 年
东河	2002—2004 年	2005—2006 年
黑河	2003—2005 年	2006—2008 年
雅砻江	2005—2007 年	2008—2010 年

表 3.3 第一阶段评估中所使用短时间序列流量数据

时间段	晋江流域	东河流域	黑河流域	雅砻江流域
1 年	2005 年	2002 年	2003 年	2005 年
	2006 年	2003 年	2004 年	2006 年
	2007 年	2004 年	2005 年	2007 年
6 个月	2005 年 4—9 月	2002 年 4—9 月	2003 年 4—9 月	2005 年 4—9 月
	2005 年 10 月—2006 年 3 月	2002 年 10 月—2003 年 3 月	2003 年 10 月—2004 年 3 月	2005 年 10 月—2006 年 3 月
	2006 年 4—9 月	2003 年 4—9 月	2004 年 4—9 月	2006 年 4—9 月
	2006 年 10 月—2007 年 3 月	2003 年 10 月—2004 年 3 月	2004 年 10 月—2005 年 3 月	2006 年 10 月—2007 年 3 月
	2007 年 4—9 月	2004 年 4—9 月	2005 年 4—9 月	2007 年 4—9 月

3.3 SWAT 模型在四个流域的适用性

在应用模型探索本研究提出的假设之前，必须要评估 SWAT 模型在 4 个典型流域的适用性，即通过基准率定获得的模型能否表征流域水文循环过程特征。4 个流域基准率定对应的模拟结果总结见表 3.4，最佳模拟及集合模拟的不确定性条带如图 3.1～图 3.4 所示。4 个流域最优参数组对应的模拟流量时间序列的 NSE 均较高且能够重现实测数据随时间变化的特征。此外，模拟不确定性条带包含了大多数观测数据且宽度较小。上述事实表明，模型在这 4 个流域的应用是成功的。这些率定结果将作为检验使用少量流量数据率定水文模型的基准。

表 3.4　　　　　　　　　　　四个流域基准率定的模型模拟结果

流　域	有效参数组数	NSE		P – Factor		R – Factor	
		率定	验证	率定	验证	率定	验证
晋江流域	2814	0.85	0.52	0.66	0.81	0.56	1.12
东河流域	1644	0.70	0.75	0.82	0.81	0.42	0.40
黑河流域	1445	0.78	0.78	0.56	0.54	1.00	0.91
雅砻江流域	1831	0.59	0.73	0.72	0.79	0.92	0.83

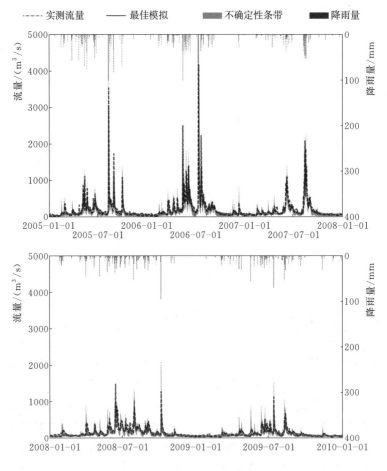

图 3.1　晋江流域率定期（2005—2007 年）和
验证期（2008—2009 年）模拟径流量

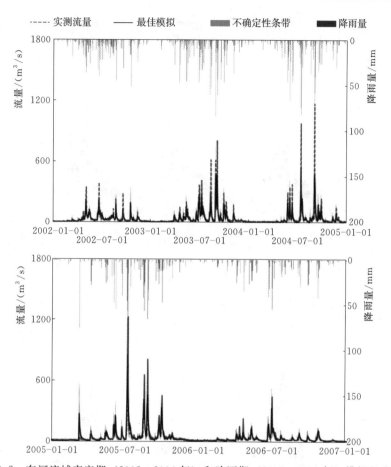

图 3.2　东河流域率定期（2002—2004 年）和验证期（2005—2006 年）模拟径流量

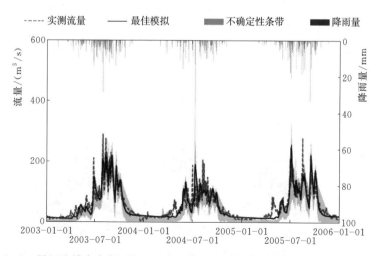

图 3.3（一）　黑河流域率定期（2003—2005 年）和验证期（2006—2008 年）模拟径流量

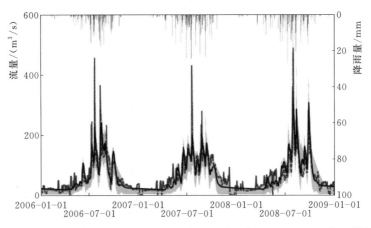

图 3.3（二）　黑河流域率定期（2003—2005 年）和验证期（2006—2008 年）模拟径流量

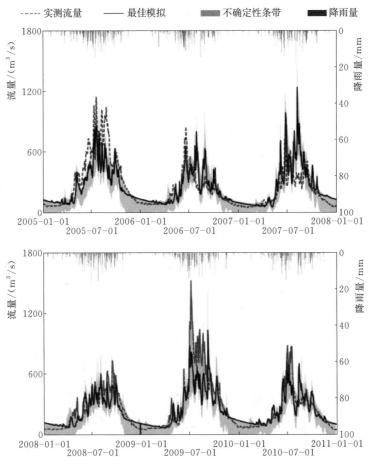

图 3.4　雅砻江流域率定期（2005—2007 年）和验证期（2008—2010 年）模拟径流量

3.4 使用少量数据率定水文模型的效果

将使用少量数据率定模型的模拟结果与基准率定对应的模拟结果进行对比，来检验使用少量数据率定模型的鲁棒性。本研究依据参考文献选取了 10 个 SWAT 模型常用的参数用于基于 GLUE 方法的自动率定，并且这些参数的先验分布范围按照 SWAT – CUP 推荐的值进行设定。为了排除模型参数不确定性的影响以及方便对多次率定结果之间进行对比，所有率定的参数及其先验分布范围均设定相同，见表 3.5。

表 3.5 进行率定的 SWAT 模型参数

名称	描 述	初 始 范 围
CN2	SCS 径流曲线数	20～90
EPCO	植物吸收补偿系数	0.01～1
GW_DELAY	地下水滞后时间/d	30～450
SLSUBBSN	平均坡长/m	10～150
ESCO	土壤蒸发补偿系数	0.8～1
ALPHA_BF	急流衰退系数	0～1
OV_N	坡面流的曼宁系数	0～0.8
CH_K2	主渠道水力传导系数/(mm/h)	5～130
SOL_AWC	土壤有效含水能力/(mmH$_2$O/mm Soil)	0～1
SOL_K	土壤饱和导水率/(mm/h)	0～2000

3.4.1 晋江流域的评估结果

使用 1 年或 6 个月实测流量数据率定模型对应的集合模拟结果如图 3.5 所示。对于分别使用 3 组 1 年流量数据的参数率定，对应的模拟结果和基准率定模拟结果相似。图 3.6（a）表示石砻水文站 1958—2009 年年径流量的累积概率分布。基准率定所使用实测数据所涵盖的三个年份，2006 年是极丰水年，2005 年和 2007 年是一般丰水年。验证期所涵盖的 2008 年和 2009 年均为枯水年。对于基准率定，验证期的模型性能低于率定期。该现象与 Todorovic et al.（2016）的研究结论一致。他们的研究也表明如果率定期比验证期水量偏丰，模型性能在验证期会下降。当使用只有 1 年时间序列的数据进行率定时，验证期的模型表现和基准率定结果相似。在使用 6 个月流量数据所进行的 5 次率定中，各次率定结果的差异较大：当使用 2006 年 10 月—2007 年 3 月的径流数据进行率定时，未识别出优秀参数组，表明没有参数组可准确反映该时期水文循环特征，而其他 4 次使用其他 6 个月流量数据率定的模拟结果和基准率定结果相似。第二阶段分析使用 2006 年 4—9 月流量最大的 3 个月（6—8 月）、最大 1 个月（7 月）和最大 1 周（7 月 14—20 日）的流量数据进行模型率定。图 3.5 显示当使用 1 周的数据进行 SWAT 模型参数率定时，与基准率定结果相比验证期的模拟不确定性增大，NSE 显著降低。同时图 3.5 也显示使用 1 个月率定数据的模拟结果和基准率定结果相似。图 3.7 是基准率定、基于 1 个月数据率定和基于 1 周数据率定所获得的最优参数组对应的模拟径流量时间序列。基准率定结果和利用 1 个月数据进行率定的模拟结果之间的差异较小；但基准率定结果和利用 1 周数据进行率定的模拟结果之间的差异十分明显。后者不能合理模拟枯水期的径流量，表明 1 周观测数据所蕴含的信息量不足以成功率定 SWAT 模型。综上所述，在晋江流域的研究表明使用 1 个月的连续日观测数据可获得与基准率定同样精度的流量模拟效果。

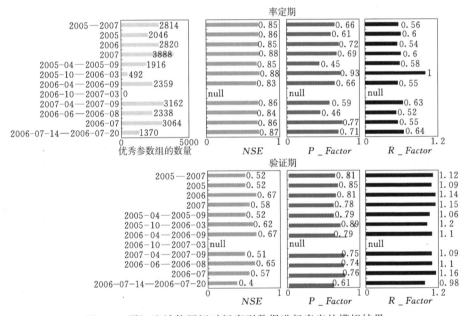

图 3.5　晋江流域使用短时间序列数据进行率定的模拟结果

3.4.2　东河流域的评估结果

图 3.8 展示了东河流域使用 1 年和 6 个月数据的率定模型时的模型模拟性能以及模拟不确定性。由于无法获取长时间序列的年径流数据，无法判断率定期以及验证期这 5 年的年径流量的丰枯状况。由于流域出口的径流量主要是受到该流域内降水的影响，因而使用全中国 5km 分辨率降水数据提取的多年年降水数据累积概率分布来判断这五年径流量的丰枯状况［图 3.6（b）］。对于

率定期，2002 年是枯水年，2003 年和 2004 年是丰水年。对于验证期，2005 年和 2006 年分别为丰水年和极枯年。当使用 1 年流量数据率定模型时，不论是枯水年（2002 或 2004）还是丰水年（2003）年，验证期的径流模拟效果均较好。对于所有使用 6 个月流量数据的模型率定，不论这六个月是丰水期还是

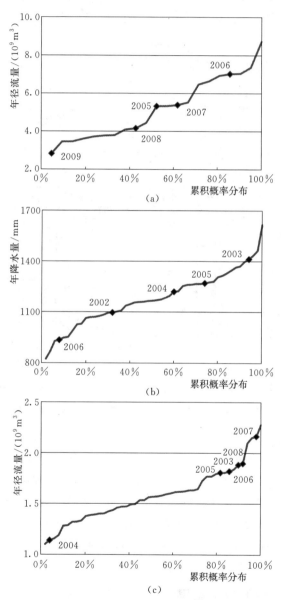

图 3.6（一）（a）晋江流域（石砻站）1958—2009 年径流量的累积概率分布；
（b）东河流域 1961—2010 年降水量的累积概率分布；（c）黑河流域
（莺落峡站）1960—2008 年径流量的累积概率分布

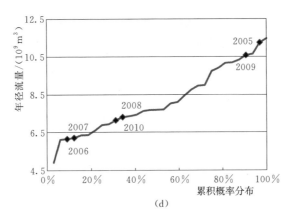

图 3.6（二）（d）雅砻江流域（甘孜站）1980—2011 年径流量的累积概率分布

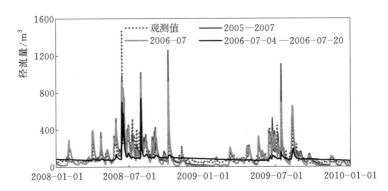

图 3.7 晋江流域研究中使用 3 年数据（2005—2007 年）、1 个月数据（2006 年 7 月）、
1 周数据（2006 年 7 月 14—20 日）率定模型所获得的最优参数组在验证期
（2008—2009 年）的模拟与实测径流量的时间序列

枯水期，均能获得与基准率定相似的模拟结果。评估第二阶段选取在同样时间长度内流量最大的 2003 年 7—9 月、2003 年 9 月和 2003 年 7 月 1—7 日作为 3 个月、1 个月和 1 周流量数据的代表率定 SWAT 模型。当使用 1 周的数据进行率定时未能识别出模拟效果达到似然函数设定阈值的参数组。对其他两组率定，模拟结果均能达到和基准率定相似的结果。与晋江流域一致，使用连续 1 个月日观测流量数据同样具有在东河流域成功率定模型参数的可能性。

3.4.3 黑河流域的评估结果

图 3.9 显示使用 2003 年和 2005 年两个 1 年日流量数据集进行率定的模拟结果和基准率定结果类似。使用 2004 年这一年流量数据进行率定时，选出的

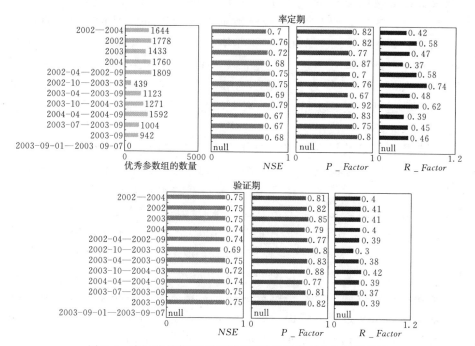

图 3.8 东河流域使用短时间序列数据进行率定的模拟结果

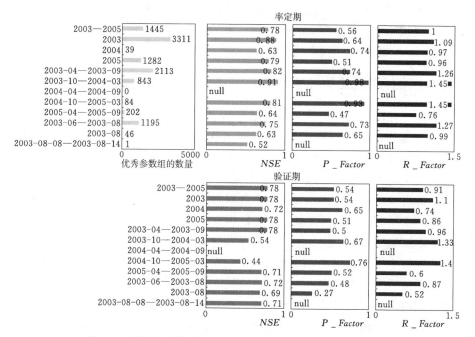

图 3.9 黑河流域使用短时间序列数据进行率定的模拟结果

有效参数组数量明显减少，且最优参数组在验证期模拟径流量的 NSE 系数明显降低，这些表明 2004 年流量数据包含的率定模型的有效信息少于其余两年。莺落峡水文站 1960—2008 年的年径流累积概率分布表明 2004 年是极枯年（图 3.6）。率定期其他两个年份（2003 年，2005 年）和验证期（2006—2008 年）均为丰水年。使用 2004 年数据进行率定时，筛选出的优秀参数组可能仅反映枯水年的水文循环特征，因而对属于丰水年的验证期模拟效果不好。使用 6 个月流量数据进行模型率定时，只有使用 2003 年丰水期的径流量数据的率定结果能和基准率定相比，而 2003 年是率定期三个年份中的年径流量最高的年份。其他 4 组 6 个月流量数据的模拟效果均不如基准率定。甚至使用 2004 年丰水期数据进行模型率定无法识别出任何优秀参数组。在位于干旱地区的黑河流域，降水多集中在夏季，约 75％的年径流量来源于 4—9 月的丰水期。和平水年相比，极枯水年份 2004 年丰水期或枯水期的平均径流量均有所下降。考虑到年总径流的贡献，丰水期径流量减少的程度有可能大于枯水期。具有极低流量的 2004 年丰水期的产流机制与正常年份差别较大，使得水文模型难以捕捉到这一特殊水文时期水文过程的特征，随机生成的 10000 组参数组中没有一组能够重现这种特征。选取丰水期 2003 年的子序列用于第二阶段的分析。流量最大的 3 个月、1 个月和 1 周分别为 6—8 月、8 月和 8 月 8—14 日。基于这些数据序列的率定没有一个能达到和基准率定相似的结果。以上结果表明，在该干旱流域使用 6 个月短时间序列数据具有有效率定模型的可能性。

3.4.4　雅砻江流域的评估结果

甘孜水文站年径流量的累积概率分布［图 3.6（d）］显示，对于率定期，2005 年是极丰水年，2006 年和 2007 年是极枯水年；对验证期，2009 年是丰水年，2008 年和 2010 年是枯水年。图 3.10 表明当使用 1 年的数据进行率定时，只有丰水年 2005 年的数据用于率定时能达到和基准率定相似精度的模拟结果，使用枯水年 2006 年和 2007 年数据率定的模拟结果精度相比基准率定显著降低。使用 5 组 6 个月流量数据率定模型结果差异较大。在极丰年 2005 年，使用丰水期和枯水期 6 个月的径流数据率定模型后的模拟精度均可达到与基准率定类似的水平。而当使用极枯年 2006 年和 2007 年丰水期的数据进行率定时，分别只识别出 1 组和 6 组优秀参数组。与黑河流域情况相似，原因可能是这些时期的产流过程与平水年和丰水年差异较大，使得模型很难捕捉到其水文过程动态特征。用 2006 年 10 月至 2007 年 3 月这一时期数据率定模型时，尽管识别出一定数量的优秀参数组且在率定期的模拟效果尚可，但在验证期径流量模拟精度降低幅度较大。当使用径流量最大 3 个月、1 个月和 1 周数据分别进行模型率定时，均未识别出优秀参数组，表明这些短时间序列数据均不能有效地率定模型。

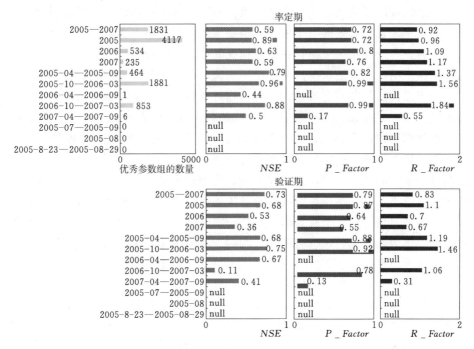

图 3.10 雅砻江流域使用短时间序列数据进行率定的模拟结果

3.4.5 对缺资料地区模型率定的启示

在上述四个流域的模型结果显示，使用少于 1 年的连续日观测数据具有有效率定 SWAT 分布式水文模型的潜力。在两个湿润型流域，使用 1 个月的日径流数据的率定具有能达到基准率定模拟精度水平的可能性。在两个干旱型流域，使用特定 6 个月的径流量数据能够获得使用 3 年数据率定模型的类似效果。这与之前使用集总式模型的研究结果类似（Perrin et al.，2007；Seibert et al.，2009；Tada et al.，2012）。尽管本研究使用的分布式水文模型更加复杂，但是结果同样表明用于模型率定数据的水文信息量比数据时间长度更加重要。也就是说，只要观测数据集包含足够水文信息，都有可能有效率定水文模型参数。所以，对于一年内丰枯季节区别明显的流域，现有观测站的零星不连续历史记录或实地调查期间的临时观测数据对缺资料流域分布式水文模型率定具有价值。延伸至作为实测流量替代品的卫星水面宽度或者高程观测时，使用的少量观测数据应具有率定水文模型的可能性。

在实际应用过程中，面临的最大挑战是判断经过率定的水文模型能否如实反映被模拟的缺资料流域的水文循环特征。本研究中的许多率定实验结果表明，如果模型能够较为精准的模拟率定期内的水文循环过程，那么在验证期的模拟结果较好的可能性较大。因此，模拟和观测的对比可以作为判断短序列数据对模型率定是否有效的一个依据。但是做出此类判断需谨慎。当观测数据数量变少时，本研究结果表明存在少数情况其率定期的模拟结果较好，但验证期的模拟结果精度较低的情况。在两个湿润流域的大多数率定中，基于率定期的模拟结果做出的判断是有效的，然而当观测数据的数量太少时（比如，在晋江流域使用 1 周的数据进行率定），这样的判断可能会失效。在两个干旱流域，有一些数据序列在率定期的模拟结果良好，但不能保证验证期的模拟结果也好：当使用 1 年的数据序列进行率定时，使用枯水年的数据不如使用丰水年的数据进行率定的结果好。在雅砻江流域，使用枯水年 2006 年和 2007 年的一整年数据进行率定时，在验证期甚至没有优秀参数组能够重现径流量的时间动态过程。另外，当使用 6 个月数据序列进行率定时，模型模拟结果之间的差异要比使用一年的数据大。这也表明越干旱的流域需要越多的数据用于模型率定，使用概念性模型进行的研究（Lidén et al.，2000）也证明了这一观点。主要原因可能是，干旱地区比湿润地区气候变异性更高且产流机理也更加复杂。同时本研究还发现，使用丰水年或丰水期 6 个月的径流量数据要比同样数量的枯水年或枯水期数据的模型率定效果更好。Kim et al.（2009）的研究表明高径流量时期的数据对模型参数的影响更大，因此时期数据包含的流域水文循环信息量更大。基于上述分析，本研究认为使用高径流量时期的观测数据能够更加有效地率定水文模型，这与 Yapo et al.（1996）和 Melsen et al.（2014）基于概念性模型的所获得的研究结论一致。

　　本研究表明，获知短时间序列数据的所属水期，也就是确定来自丰水年还是枯水年以及丰水期还是枯水期，对判断使用特定短序列数据是否能够有效率定水文模型十分有必要。因此，获取流域出口断面的年径流量频率和年内径流量动态变化特征十分有价值。接下来的问题是怎样在缺资料流域获取这些水文特征信息。流域出口径流量是由整个流域内的面降水形成的，因而两者具有较高的相关性。无论是从实地观测角度还是卫星观测角度，降水数据都比径流量数据更容易获取。当前有许多具有时间覆盖范围广的高分辨率的降水数据产品能够追溯流域尺度年降水频率以及年内降水时间动态情况。在缺乏流量观测的流域，降水频率信息可以视为流量频率信息用于确定某些短期径流量数据的所处水期，从而能够间接评估其率定模型的效果。为了形成对特定时间长度的观测数据所含的水文信息是否有效率定模型的普适性认识，需要在大量具有不同气候、地理及水文特征的流域使用分布式水文模型进一步开展类似的研究。

这些研究需要从可用的径流数据中形成大量短序列观测的样本进行模型率定。而此类研究需要合理的抽样策略。本研究表明，短期径流数据所处水期与模型模拟精度相关。因此，在率定模型的观测数据量一定的情况下，在抽样过程中需要考虑水期对于确定哪一个时期的实地或者卫星观测数据对于率定模型最有效。

第4章　基于实测河道水力学信息率定模型的可行性分析

卫星观测水面宽度或者高程信息能否有效率定水文模型，取决于河道流量与上述卫星观测的相关性、观测的时间频率以及观测误差。地面观测水面宽度和高程误差可以忽略不计。但对于卫星观测，由于传感器观测空间分辨率、大气辐射干扰以及对地物反演有效性等因素的影响，其观测误差不可忽略。本章通过使用实地观测水面宽度及水面高程数据加人为设计误差的方式，探讨第 2 章提出的方法在缺资料地区的可行性，同时探讨卫星观测频率、水力学关系的有效性以及卫星观测不确定性的影响。

4.1　水文模型 HYMOD 与研究流域概况

4.1.1　HYMOD 原理

针对本方法的特点，所使用的降雨径流模型应满足以下两个要求：第一，由于研究区定位于缺少资料的流域，并且率定数据是时间不连续的卫星观测数据，因此模型应该具有简单的结构和较低的数据需求。第二，该模型应该能够适用于大型流域，这意味着模型具有描述流域内水文要素空间异质性的能力。基于上述原则，本研究选择了一个结构简单的日尺度模型 HYMOD。该模型最初由 Boyle et al.（2003）开发，并且已经在水文模型参数估算和不确定性分析等相关研究中得以广泛使用（Moradkhani et al.，2005；Schaefli et al.，2007）。

HYMOD 模型是基于 Moore（1985）提出的概率分布理论构建的。在模型中，流域被视为由无限独立的子单元组成，并将蓄满产流机制应用于每个流域单元。为了量化流域储水能力的空间变异性，储水能力的概率分布可定义为

$$F(C) = 1 - \left(1 - \frac{C}{C_{\max}}\right)^{B_{\exp}} \tag{4.1}$$

式中　$F(C)$——某一蓄水量 C（mm）的累积概率；

$\quad\quad C_{\max}$——流域的最大蓄水量，mm；

$\quad\quad B_{\exp}$——用于衡量流域储水能力空间变异程度的参数。

汇流系统包括 3 个串联的描述地表水流的快速流动水箱，以及一个描述地下水流的慢速流动水箱。模型结构如图 4.1 所示，具体参数见表 4.1。

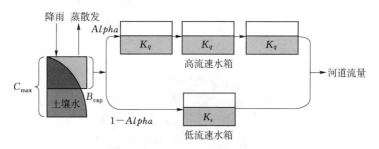

图 4.1 HYMOD 模型结构

表 4.1 HYMOD 模型的参数描述

参 数 名 称	单 位	描 述
C_{max}	mm	流域最大蓄水能力
B_{exp}	—	土壤蓄水能力的空间变化指数
$Alpha$		高流速与低流速水箱流量分配因子
K_q	d	高流速水箱滞留因子
K_s	d	低流速水箱滞留因子

为了更好地解释大型流域水文要素的空间变化，本研究对 HYMOD 模型进行了一定的改进，使其由集总式模型变为半分布式模型。根据流域水系特征，研究流域将被分成几个较小的子流域，每个子流域输入其汇水范围内实测或遥感观测的降水以及潜在蒸散发。原始版本的 HYMOD 将应用于每个子流域。各子流域中三个描述产流过程的参数值（C_{max}，B_{exp} 和 $Alpha$）保持一致。两个汇流参数（K_q 和 K_s）被视作具有空间变化的参数，使用每个子流域和流域出口之间的距离来对其汇流的空间异质性进行量化。

4.1.2 研究流域概况

湄公河是世界第七大河流，流域面积为 795000km^2。它起源于我国青藏高原，流经我国的西藏自治区、云南省以及缅甸、老挝、泰国、柬埔寨和越南。湄公河气候多变，从上游高原大陆性气候过渡到下游热带气候。年平均降雨量约为 1570mm。本章研究以位于湄公河干流的巴色（Pakse）水文站以上流域为例开展研究，其上游汇水流域范围面积约为 545000km^2。

巴色水文站坐落于老挝西南部的巴色市，其辖区内有洞河和湄公河交汇。巴色水文站（15°07′N，105°48′E）位于湄公河的左岸，在巴色市水运办公室正前方，距入海口约 869km。巴色水文站的具体位置如图 4.2 所示。据统计，1923—1998 年巴色水文站观测到的湄公河河流最小和最大流量分别为 1060m³/s 和 57800m³/s。

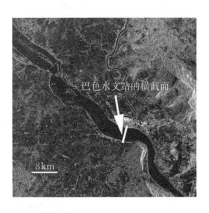

巴色水文站的横截面

3km

图 4.2　日本陆地资源卫星-1 合成孔径影像提供的关于巴色水文站位置的影像。
背景为黑色的区域即为河流水面

4.2　基于实测数据的数值模拟实验设计

4.2.1　建模数据

从湄公河委员会公布的 1999—2000 年湄公河水文年鉴和 2001—2002 年湄公河水文年鉴中共获得 134 条巴色水文站河流水面宽度观测记录。观测频率分别为每月两次（24 个月）、每月四次（20 个月）或每月六次（1 个月）。每个月内的观测都是在不同的日期进行的。为期 4 年的研究期内，有 3 个月没有观测或数据记录有明显的错误。河流宽度观测值和相应日期流量观测值之间函数关系的最佳拟合曲线为 $W = 1454.2Q^{0.0147}$（$R^2 = 0.97$），如图 4.3 所示。拟合曲线中指数较低表明随着河道流量的变化，河流水面宽度数值的相对变化很小。但是由于该河段河道宽度接近 2km，在不同水期的河道水面宽度变化的绝对值仍然较大。在 134 次观测记录中河流的最小流量数值和最大流量数值分别为 1258m³/s 和 40980m³/s，而与之相应的河流宽度观测值分别为 1611m 和 1708m。为了更加贴切地模仿星载雷达高度测量仪观测（观测水面高程）数据，对于每条实地观测水位数据，增加了水位为 0 处相对于海平面的高程。这些河流水面高程的最小值和最大值分别为 86.95m 和 98.88m。本研究中假设上述河流水面宽度和水面高程记录代表无误差的卫星观测值。

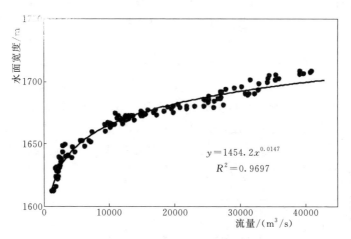

图 4.3 巴色水文站 134 条河流水面宽度观测值和流量观测值的相关关系

在水文模型＋水力几何关系集成模型的构建过程中，整个巴色水文站上游汇水区域被分为 8 个子流域。同时将巴色站所在断面视作流域出口构建水力几何关系。将 1999—2002 年的 37 个雨量站的每日降雨数据和 Ahn et al.（1994）开发的每月潜在蒸散量数据作为模型的驱动数据。用 1999—2002 年巴色站每日流量观测数据对模型精度进行验证。

4.2.2 数值实验设计

除了降雨径流模型自身模拟的不确定性之外，在本研究提出的模型率定框架下，模拟不确定性还有其他来源，比如水力几何关系、卫星观测的低时间分辨率、卫星测量观测误差等。为了更好地理解这些因素对河流流量估算的影响，设计了以下两个实验。

实验Ⅰ：使用地面观测的河流水力变量观测记录进行模型率定。

本实验的目的是测试模型结构的适用性，同时分析卫星观测频率对模型的影响以及描述与水力关系的幂函数相关联的不确定性。设定两个不同的卫星观测频率进行率定实验。第一个代表平均观测频率，第二个代表极端情况的观测频率。

（1）每月一条观测记录。对于每个测试，根据每个月仅可选择一个日期的规则，随机抽取 134 个河流宽度观测日期的数据进行率定。在为期 4 年的研究期内，仅有 45 个月份的观测数值可用，这意味着在抽样过程中共选择了 45 个日期。选取已选定日期的所有水位高度和河流宽度的观测记录分别作为

1999—2002 年集成模型的率定数据。也就是说，对于每次率定，使用来自 45 个时间步长（所选 45 天的河流宽度或水位记录）的信息来率定模型，共运行 1461 个时间步长（4 年间共 1461 天）。为了获得更具普适性的结论，将每次测试重复进行 10 次。此后，通过随机取样生成得到的 10 个河流水面高程和河流宽度数据集分别称为 A 组和 B 组。

（2）每 6 个月一次记录。仅将卫星的观测频率设置为 6 个月一次，其余的程序遵循（1）所采用方法。也就是说，每次模型率定仅使用来自 8 个时间步长的观测数据。10 个随机生成河流水位和河流宽度数据集将被称为 C 组和 D 组。图 4.4 显示了在两个已设定的卫星观测频率条件下，每个具有观测的日期被抽入率定模型数据集的次数，表明每组数中的 10 个数据子集之间数据重复性较低，因而最终分析结论具有一定普适性。

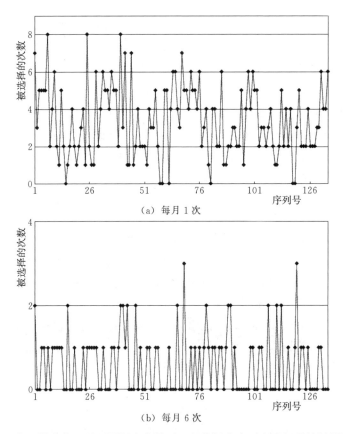

图 4.4 在两个已设定的卫星观测频率条件下，每条河流水面宽度记录被随机取样的次数

实验 II：使用地面观测的河流水力变量观测记录加设计卫星观测误差进行模型率定。

实验Ⅱ的目的是分析卫星观测误差对模型流量模拟的影响。目前，精确地定义卫星观测误差及其概率分布十分困难，因为必须基于对大量的卫星观测值和地面测量数据的统计分析才能得出准确结论。一些研究已经表明，河流水面宽度的观测误差在某种程度上与卫星传感器的空间分辨率有关（Zhang et al.，2004；Smith et al.，2008），因此认为它是一种范围为±20m的系统误差，类似于现有的大多数高分辨率传感器（例如 TERRA/ASTER，ALOS/PALSAR）的分辨率。基于星载雷达高度测量仪的河流水面高程的测量存在的误差来源比较复杂。数据的精度局限于卫星轨道参数的获取程度、河流表面坡度效应、可利用的优质回波数量（Birkett，1998）。我们将此误差视为均值为 0，标准偏差范围最大值为 50cm 的正态分布。实验Ⅱ中模型的误差可表示为

$$X_d = X_m + E \tag{4.2}$$

式中 X_d——添加了设计误差的河流水面宽度或高程记录；

X_m——地面测量的真实值记录；

E——卫星观测河流水面宽度设计的系统误差或水位设计的随机误差。

将河流水位和河流宽度卫星观测值的设计误差分别添加到在实验Ⅰ中表现最佳的 A 组和 B 组中的一个观测数据子集。将已添加误差的数据子集再次用于模型率定。采用流量的平均绝对差值（AAD）和累积水平偏差（VB）量化卫星观测误差的影响。

$$AAD = \frac{1}{n} \sum |Q_{e,i} - Q_{r,i}| \tag{4.3}$$

$$VB = (\sum Q_{e,i} - \sum Q_{r,i}) / \sum Q_{r,i} \tag{4.4}$$

式中 $Q_{r,i}$——在时间段 i 使用原始数据集进行模型率定对应的模拟河流流量；

$Q_{e,i}$——通过使用具有设计误差的数据集进行模型率定对应的模拟河流流量；

n——总模拟时间步长。

在应用自动率定算法之前，需要首先定义参数的先验分布。先验分布上下限所组成的区间必须足够宽，以确保模型模拟结果可覆盖实际观测的波动范围（Beven et al.，1992）。对于 HYMOD 模型参数，具有普适性的取值范围可以在文献中查阅到。但是，局地水力几何参数取决于所模拟河段的水力学特征。（Dingman，2007）提出了一种用于局地水力几何关系的解析解，但需要使用大量实地观测数据。对于缺乏实地观测的区域，唯一可知的信息是水力几何关系的指数参数的理论范围是 0～1。基于多次试错分析，所有参数的取值范围

具体设置见表4.2。对于NSGA Ⅱ优化的目标函数，选择对绝对误差极为敏感的均方根误差（Root Mean Square Error，RMSE）以及对相对误差敏感的均方根相对误差（Root Mean Square Relative Error，RMSRE）这两个相互独立的函数。

$$RMSE = \sqrt{\frac{1}{n} \sum (X_{sim,i} - X_{obs,i})^2} \tag{4.5}$$

$$RMSRE = \sqrt{\frac{1}{n} \sum \left(\frac{X_{sim,i} - X_{obs,i}}{X_{obs,i}} \right)} \tag{4.6}$$

式中 $X_{obs,i}$——河流宽度或水面高度的第 i 个卫星观测值；

$X_{sim,i}$——$X_{obs,i}$ 观测时段的模型模拟数值；

n——卫星观测总数。

考虑到降雨径流模型参数的异参同效性，将所有帕累托最优参数组都用于河流流量估算。

表 4.2　　　　　　　基于 NSGA Ⅱ算法优化的参数取值范围

水 位 的 率 定		河 宽 的 率 定	
参　数	范　围	参　数	范　围
C_{max}	0～400	C_{max}	0～400
B_{exp}	0～2	B_{exp}	0～2
$Alpha$	0.2～0.99	$Alpha$	0.2～0.99
K_s	0.01～0.5	K_s	0.01～0.5
K_q	0.5～1.2	K_q	0.5～1.2
c	10^{-4}～0.1	a	1～2000
f	0.1～1	b	0.001～0.5
H_0	70～87		

4.3　水文模型河道流量模拟结果评估

首先对 HYMOD 在研究区降雨径流过程模拟的适用性进行分析。采用 1995—1996 年实测日流量数据对模型进行率定，率定期纳什效率系数为 91.68%。采用 1997—1998 年实测日流量数据对模型进行验证，验证期纳什效率系数为 89.09%。图 4.5 显示模拟期实测流量以及 NSGA Ⅱ 自动率定后模拟不确定性条带的上下边界，可以看出模拟流量能够较好地重现实测流量变化的幅度和时机，进而说明 HYMOD 在研究区具有较好的适用性。使用各组观测数据率定模型目标函数的平均值和使用每组 10 个数据子集分别率定模型对应流量模拟平均纳什效率系数见表4.3。经河道水面宽度与高程率定后的模型，其模拟性能表现与使用流量数据率定模型的结果类似。图4.6显示了各组数据对应的模拟流量过程曲线，实测流量过程曲线的变化基本上都可以被模拟流量捕捉到。

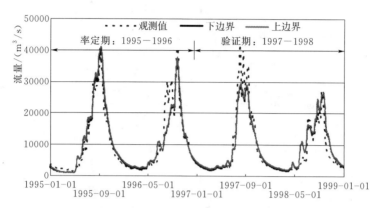

图 4.5　模拟期实测流量以及使用 NSGA Ⅱ 自动率定后模拟流量不确定性条带的上下边界

表 4.3　　　　　　　　各组数据率定期和验证期效率系数平均值

组　　别	率　定　期		验　证　期
	$RMSE$	$RMSRE$	NSE
A 组	0.518	0.027	95.3%
B 组	6.245	0.019	92.5%
C 组	0.300	0.006	90.6%
D 组	4.507	0.006	83.6%

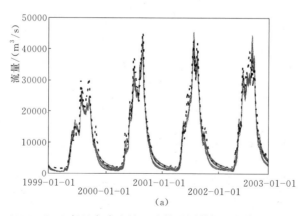

(a)

图 4.6（一）　1999—2002 年巴色水文站日流量观测数据（虚线）和基于 A/B/C/D 组
10 个数据集率定后的 HYMOD 模型输出的 10 组河流流量模拟值（实线）

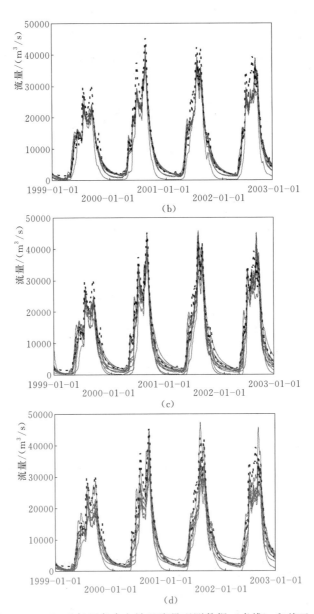

图 4.6（二）　1999—2002 年巴色水文站日流量观测数据（虚线）和基于 A/B/C/D 组 10 个数据集率定后的 HYMOD 模型输出的 10 组河流流量模拟值（实线）

　　为了进一步量化地阐述经过水力学信息率定后模型对于流量估算的准确性，对于每个数据子集对应的流量模拟结果，统计模拟流量在相对误差水平 ±25％，±50％、±75％和±100％内的时间步长数量。统计结果显示，几乎所有流量估算的相对误差都控制在±100％的水平内。表 4.4 显示每组数

据中 10 个子集对应的 10 次模拟误差在 ±25％、±50％和 ±75％范围内时间
步长数量的平均值、最大值和最小值。平均值反映了 10 次模拟的整体性能，
而各组中 10 个数据子集之间的差异则分别由最大值和最小值解释。在这 4
个数据集中，流量估算值在 ±25％相对误差范围内的时间步长占整体的
49％到 68％不等。超过 77％和 91％的模拟时间步长内相对误差在 ±50％和
±75％范围内。

表 4.4　各组 10 个模拟时间序列的相对误差在 ±25％、±50％和 75％
范围内的模拟流量数量占比的均值、最大值和最小值

组别	相对误差≤±25％			相对误差≤±50％			相对误差≤±75％		
	均值	最大值	最小值	均值	最大值	最小值	均值	最大值	最小值
A 组	62％	86％	40％	90％	97％	72％	100％	100％	100％
B 组	68％	84％	22％	89％	98％	38％	95％	100％	57％
C 组	49％	82％	14％	77％	96％	40％	91％	100％	50％
D 组	53％	77％	33％	84％	99％	44％	95％	100％	57％

对于传统的水文模型率定过程，使用一定时期内连续的每日河流流量观测
数据对获取合理参数值十分必要。上一章的研究显示，对于结构复杂的分布式
水文模型，至少需要一个月的连续数据来率定模型。而本章研究显示，在 4 年
间仅使用不连续的 45 个时间步长（A 组和 B 组中的数据集）或 8 个时间步长
（C 组和 D 组中的数据集）的实地河道水面宽度或水面高程数据即可有效率定
水文模型。考虑到本章使用的 HYMOD 模型是半分布式的概念性模型，模型
结构较具有物理机制的全分布式水文模型 SWAT 简单且参数数量较低，因而
其率定所需观测数据数量大幅小于 SWAT 模型是合理的，进而说明使用少量
卫星观测成功率定类似于 HYMOD 的结构简单模型具有可行性。

为了获得可靠的河流流量估算值，必须有足够的卫星观测来捕捉水文过程
曲线的变化。Alsdorf et al.（2007）认为对于卫星观测数量的最低要求与水文
过程的变异性紧密相关。对于水文过程变化平滑且呈现规律性年内变化的亚马
逊河流域，他们认为至少需要每月一次的卫星观测来捕捉河道流量变化。他们
的论断是基于仅使用时间上不连续的卫星观测数据估算河流流量，且在两次卫
星观测之间内无其他信息的情况下得出的。而对于本研究提出的方法，除了卫
星观测以外，在每个模拟时间步长内还有日降雨数据可以推断河道流量。因
此，与仅使用卫星观测的方法相比，本方法对于卫星观测频率的要求较低，这
也间接印证了实验 I 中模拟流量具有较高精度是合理的。

4.4　卫星观测频率与误差对水文模型的影响

4.4.1　卫星观测频率的影响

在本研究提出的模型率定框架下，两次卫星观测之间的信息空缺在一定程度上被水文模型的驱动数据所填补。在表 4.4 中，每个数据组内 10 个数据子集模拟效果间存在着较为显著的差异，表明每个数据子集率定水文模型的能力有所不同。Vrugt et al.（2002）表明用于率定 HYMOD 模型每个参数的最具信息量的流量观测所处时间段不同。由于每个数据子集观测时间的不同，导致其所包含的率定水文模型参数的有效信息不同，从而使各组中 10 个数据子集之间的率定结果差异较大。

为了衡量各组中 10 次模拟结果的一致性，将不同观测流量范围内模拟流量的标准偏差绘制成散点图，如图 4.7 所示。随着流量的增加，各组中 10 次模拟的离散度降低。A 组和 B 组中 10 次模拟的流量估算结果较 C 组和 D 组的结果呈现出更大一致性。这表明随着观测频率的增加，河流流量的估算对卫星观测时间的敏感性有所降低。由于 A 组和 B 组中每个子集的观测数据数量大于 C 组和 D 组，因而捕捉到水文过程变化的更多信息。为了获得更可靠的流量估算结果，应尽可能多地收集卫星观测数据用于模型率定。

4.4.2　HYMOD 与水力几何关系的整合有效性

图 4.7 中各数据集呈现出的总体趋势相似，即河流流量较低时期的 10 次模拟间的标准偏差较高。由于受河床形态和其他河道形态不规则特征的影响，许多河流在流量较低的季节水力特征变化最大（Stewardson，2005）。对于常规地表流量观测，水力学变量和流量之间的关系的不确定性通常隐含在观测流量中。而在本研究提出的模型率定框架下，水力学关系已成为被率定集成模型的一部分，这意味着由水力几何关系带来的不确定性将被明确地包含在模型率定过程中，并且影响水文模型的模拟性能。使用水力几何关系引起的误差被转移到流量估算过程中是图 4.7 中的所呈现出的整体趋势的一个重要原因。串联水文模型和水力几何关系可消除模型在率定过程中对流量数据的需求，这正是本方法的关键优势所在。同时也带来一定的风险：即使集成模型能够较好地拟合卫星观测，但模拟流量的结果也未必是很令人满意的。表 4.3 从一定程度上反映了该现象：从参数自动率定的目标函数值来看，C 组的普遍性能优于 A 组，D 组则优于 B 组。相比之下，模拟流量的 NSE 值则正好出现相反的情况。另一种可能的解释是，拟合较少时间段的模型模拟相对容易（Perrin et al.，2007）。

为了探索水力几何关系和卫星观测频率对集成模型模拟效果的影响，对每

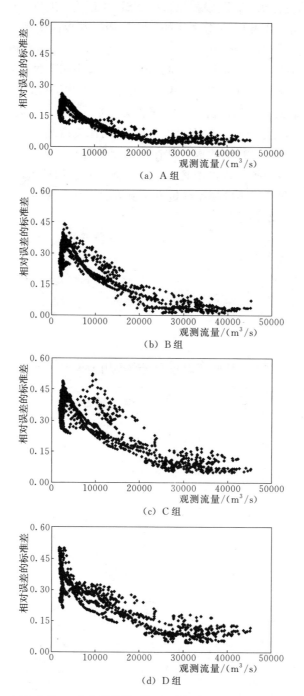

图 4.7　四组中的 10 个流量模拟时间序列相对误差的标准差的分布情况

组 10 次模拟的目标函数值与模拟流量的 NSE 的相关性进行分析，如图 4.8 所示。A 组与 C 组、B 组与 D 组之间的对比表明，在较高的观察频率下，在率定目标函数值相同时，NSE 的一致性较高。同时，目标函数值越高对应的模拟流量精度越高的可能性越大。上述分析结果再次表明了提高卫星观测频率的必要性。目前，新一代测高卫星 SWOT 引起了水文学领域学者的广泛关注。SWOT 卫星搭载具有比当前雷达高度测量仪精度更高的（河流高度 10cm 甚至更小）Ka 波段雷达干涉仪。SWOT 将为全球河床宽度超过 100m 宽的河流提供河流水位和水面宽度观测数据，其在低纬度地区观测频率为 11 天，该观测频率高于当前大多数提供雷达测高的地球观测卫星。因此 SWOT 卫星观测可以更好地提供本研究提出的模型率定方法所需的高频率观测。

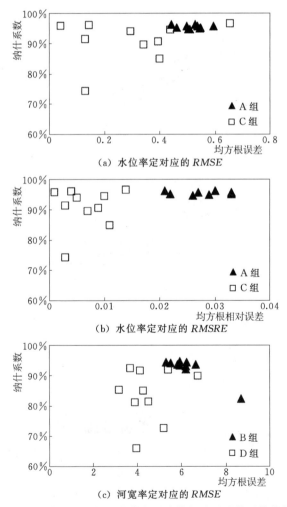

图 4.8（一） 率定后目标函数值与对应模拟流量纳什系数值散点图

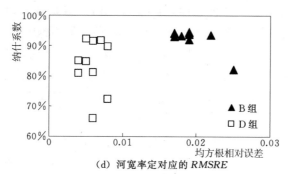

(d) 河宽率定对应的 *RMSRE*

图 4.8（二） 率定后目标函数值与对应模拟流量纳什系数值散点图

4.4.3 卫星测量不确定度分析

图 4.9（a）和（b）展示了在系统误差水平分别为－5m/＋5m，－10m/＋10m，－15m/＋15m 和－20m/＋20m 的情况下，使用添加不同程度误差的水面宽度数据集率定模型后模拟流量的 AAD 值和 VB 值。这两个指标随着误差水平的增加均呈现不同程度的波动，但是并未呈现出与所添加的系统性误差一致的系统性波动。除了设计的系统误差外，仍有诸多要素可能会影响经率定

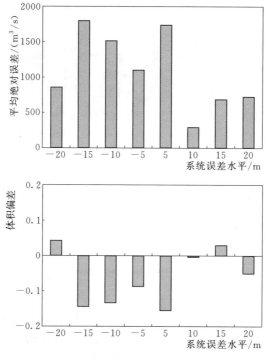

图 4.9 含有系统误差河流宽度数据集对应模拟流量的平均绝对差和体积偏差值

后的水文模型流量估算的可靠性，如模型结构、卫星观测时间和自动优化算法。如果设定的河流宽度误差是流量估算误差的主导因素，则流量模拟误差应随着卫星观测系统误差水平的增加而逐渐上升。然而，流量模拟误差的波动表明设计误差与其他因素的影响程度类似。从 AAD 值来看，模拟流量的最大不确定度为 1808.7m³/s，低于巴色站模拟期 4 年期间日平均流量（11906.9m³/s）的 20%。

　　图 4.10（a）和（b）给出了随机误差遵循正态分布和标准偏差分别为0.1m，0.2m，0.3m，0.4m 和 0.5m 的情况下，使用添加随机误差的水面高程数据集率定模型后模拟流量的 AAD 值和 VB 值。对于每个标准偏差水平，均采用 3 个不同的随机误差组进行测试。与基于河流水面宽度率定的结果类似，两个指标都没有呈现出与误差水平变化相关的整体趋势。模拟流量的最大不确定度为 1948.4m³/s，同样低于巴色站模拟期 4 年期间日平均流量（11906.9m³/s）的 20%。

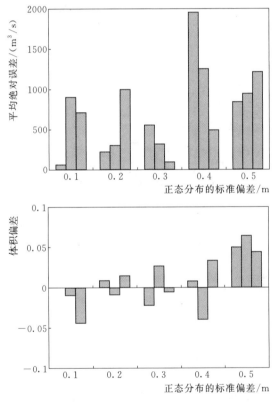

图 4.10　含有遵循正态分布随机误差河流水面高程数据集的
对应模拟流量的平均绝对差和体积偏差值

上述分析显示，现有卫星传感器对于河流水面宽度和水面高程的观测精度能够满足本研究提出的模型率定方法的需求。虽然之前的讨论显示更高频次的卫星观测能够显著降低模拟不确定性。但同时也显示，在每年只有几次卫星观测的情况下，模型仍有较大概率被有效率定。本章的分析显示，从观测精度和频率角度分析，在本研究提出的模型率定框架下使用真实卫星观测成功率定水文模型的可行性较高。

第5章 基于合成孔径雷达观测河流水面宽度率定水文模型

在第 4 章中使用实测河流水面宽度及水面高程数据在湄公河流域率定水文模型的基础上，本章采用从合成孔径雷达影像提取的河流水面宽度信息在湄公河巴色站以上流域开展率定水文模型研究。对于描述流量和河宽的水力学关系，根据所掌握的河道形状信息情况，分别采用水力几何关系和曼宁公式进行描述。同时使用 NSGA II 和 GLUE 两种方法对模型开展自动优化，以期提升率定方法本身对模型参数率定结果影响的认识。

5.1 从遥感影像提取河流有效水面宽度的方法

本研究采用的遥感数据为日本地球资源卫星 1 号（Japan Earth Resources Satellite - 1，JERS - 1）合成孔径雷达（Synthetic Aperture Radar，SAR）影像。JERS - 1 是一颗覆盖全球陆地面积的对地观测卫星，用于土地调查、农业、林业和渔业、环境保护、防灾减灾和沿海监测等领域。它于 1992 年 2 月发射，1998 年 10 月任务终止。SAR 为 C 波段雷达（观测频率：1276MHz），该主动雷达观测能够穿透云层，不受天气条件影响，进而实现对地物特征进行高分辨率、高对比度的精确观测。表面粗糙度低于微波长度的水面在该波段呈现镜面反射特征，水面后向散射较低的特点使其在遥感影像上呈现出低亮度特征。使用经过配准的空间分辨率为 12.5m 的 16 张 SAR 图像提取巴色水文站所在河段的水面宽度，如图 5.1 所示，巴色站流量的变化可以通过 SAR 影像中水面面积的变化来追踪。

考虑到从遥感数据识别水面面积误差的影响，一般不采用只测量一个断面水面宽度的方式提取水面观测。通常采用观测一定长度河段内的水面平均宽度来降低卫星观测误差，该平均水面宽度即为有效宽度 W_e（Effective Width）。以往研究建议用于计算有效宽度的河段应至少要包含一个完整河弯（Leopold，1994）到两个完整河弯（Rosgen，1994）。对于河流水面宽度变化对流量变化敏感的辫状河道，Smith（1996）认为，至少应对长度为 10km 以上的河段计算有效宽度。在本研究中，以两个完整河湾长度的平均水面宽度为有效宽度，约为巴色站水位齐岸时水面宽度的 11 倍，具体空间范围如图 5.2 所示。采用

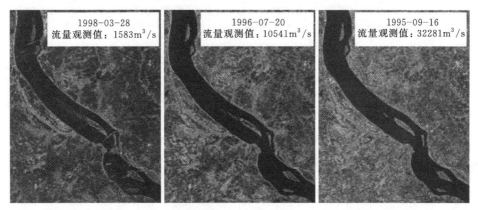

图 5.1 巴色地区三幅不同流量水平 JERS1 – SAR 图像及相应的实测流量

Smith 等（1995）用从卫星影像识别的总水面面积除以河道长度的方法来计算 W_e，每幅影像中 W_e 计算结果如下：

$$W_e = \frac{a_w}{l} = \frac{a_a - a_i - a_s}{l} \tag{5.1}$$

式中　W_e——有效水面宽度；

　　　a_w——从卫星观测的水面面积；

　　　l——河长；

　　　a_a——河道内与河岸相邻水面边缘所覆盖区域的总面积；

　　　a_i——河道内永久岛屿面积；

　　　a_s——低流量时暴露的沙洲面积。

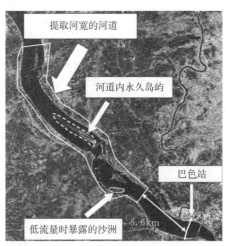

图 5.2　从 JERS1 – SAR 图像中选取用于测量河流水面
宽度的巴色河段和被测量要素的示例

表 5.1 与图 5.3 列出了卫星观测的河流有效水面宽度与巴色站同期流量实测及其拟合的幂函数关系（以下简称 $Q - W_e$ 关系）$W_e = 1221.3Q^{0.0341}$，两者相关性较高（$R^2 = 0.92$）。指数值较低在大型河流中较为常见（Latrubesse，2008），说明水面宽度增加与流量增加不成比例。表 5.1 中流量的变幅度与最小观测流量之比为 19.4，但对应的河流有效宽度变幅度与最小有效宽度之比仅为 0.1。但是观测的有效宽度变化幅为 JERS1 SAR 图像（12.5m）空间分辨率的近13 倍，说明该卫星观测能够有效捕捉到不同水期巴色地区河道水面宽度的变化。

表 5.1　研究区 JERS1 - SAR 图像采集日期、卫星观测河宽及巴色站对应的流量

序号	日期	W_e/m	Q_{obs}/(m³/s)
1	1995 - 02 - 08	1574.0	2212
2	1995 - 03 - 24	1569.1	1774
3	1995 - 06 - 20	1701.3	10766
4	1995 - 08 - 03	1714.7	27764
5	1995 - 09 - 16	1723.6	32282
6	1995 - 12 - 13	1647.0	4357
7	1996 - 01 - 26	1571.2	2488
8	1996 - 07 - 20	1700.1	10541
9	1997 - 01 - 12	1576.2	2926
10	1997 - 10 - 03	1708.2	17487
11	1997 - 11 - 16	1636.6	5434
12	1997 - 12 - 30	1609.4	2751
13	1998 - 02 - 12	1580.1	2009
14	1998 - 03 - 28	1566.9	1583
15	1998 - 05 - 11	1605.5	2025
16	1998 - 09 - 20	1708.8	22032

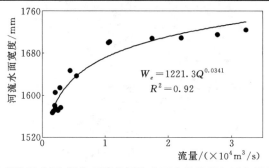

图 5.3　从 JERS1 SAR 图像观测的河流水面有效宽度与巴色站流量的关系

5.2 基于水力几何关系的遥感河流水面宽度率定模型效果评估

5.2.1 模型率定设置

采用 NSGA Ⅱ 作为使用遥感水面宽度数据率定模型的方法，HYMOD 及水力几何关系，即 Q-W_e 关系，参数 a 与 b 的先验参数范围见表 4.2。考虑到在一年内仅有几次卫星观测，其数量大幅低于实测流量数据，不适宜采用纳什效率系数作为模型率定目标函数。采用均方根误差（$RMSE$）和判定系数（R^2）作为目标函数，其计算公式为

$$RMSE = \sqrt{\frac{1}{n} \sum (W_{\text{sim},i} - W_{\text{obs},i})^2} \tag{5.2}$$

$$R^2 = \left(\frac{\sum (W_{\text{obs},i} - \overline{W_{\text{obs},i}})(W_{\text{sim},i} - \overline{W_{\text{sim},i}})}{\sqrt{\sum (W_{\text{obs},i} - \overline{W_{\text{obs},i}})^2} \sqrt{\sum (W_{\text{sim},i} - \overline{W_{\text{sim},i}})^2}} \right)^2 \tag{5.3}$$

式中　$W_{\text{obs},i}$——在巴色地区河段卫星观测的第 i 个水面宽度；

　　　$W_{\text{sim},i}$——与第 i 个卫星观测同日的模拟水面宽度值；

　　　n——卫星观测的总数。

帕累托前沿建立的基础是所选择的多个目标函数应具有差异性。$RMSE$ 衡量绝对误差的幅度，R^2 描述了观测值与模拟值的离散程度。将遥感观测数据用于其所涵盖的 4 个年份（1995—1998 年）的模型率定，通过 NSGA Ⅱ 识别出来的所有帕累托最优参数组将应用于水文模型估算 1995—1998 年巴色地区河道流量。

5.2.2 流量模拟效果评估

通过 SAR 卫星图像观测河道水面宽度数据率定模型帕累托最优参数组对应的河道水面宽度模拟的 $RMSE$ 和 R^2 平均值为 15.94m 与 0.956。经遥感数据率定后水文模型模拟流量的纳什效率系数为 88.24%。实测流量与模拟流量的对比如图 5.4 所示，两者之间具有较好的一致性。

为了进一步衡量流量估算的精度，以 3000m³/s 为阈值，将其划分为丰水期和枯水期两个区间，分别与通过实测流量率定水文模型的结果进行比较，见表 5.2。在丰水期使用遥感数据率定模型模拟流量的精度与传统通过流量率定结果类似。但是在枯水期，使用遥感河宽数据率定模型对应的模拟流量精度大幅低于传统率定方法的精度。在枯水期水位较低，存在河床裸露的现象，加大

了反演河道内水面面积的难度，因而河流水面宽度估算精度偏低，这可能是导致枯水期流量估算误差较大的一个原因。

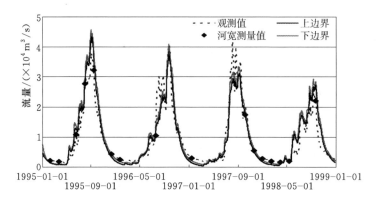

图 5.4 　模拟期实测流量以及 NSGA Ⅱ 自动率定后模拟流量
不确定性条带的上下边界

表 5.2　对应河道流量和河流水面宽度率定的平均模拟流量的平均相对误差

率 定 目 标	流 量 范 围	
	$\leqslant 3000\text{m}^3/\text{s}$	$>3000\text{m}^3/\text{s}$
河道流量	0.053	0.160
河道水面宽度	-0.333	0.170

5.2.3　通过率定得到的 Q - W_e 关系参数值合理性分析

图 5.5 显示通过率定获得的提取遥感水面宽度河段对应的 Q - W_e 关系以及在巴色水文站通过实测流量与水面宽度数据拟合所得 Q - W_e 关系。两个关系指数 b 之间的差异（0.0310/0.0147）大于系数 a 间的差异（1261.6/1459.2），且前者指数 b 的数值大于后者。指数 b 反映了河流水面宽度变化对河道流量变化的敏感性。相比于位于断面形状较为简单的巴色水文站，通过遥感反演河流水面宽度对应的河段内存在河心岛与沙洲，因而在同样流量变幅下，该河段对应的 W_e 变化会大于巴色站对应断面。因此通过率定获得的指数 b 的数值是合理的。

Dingman（2007）分析了指数 b 与河道断面形状等水力学特征的关系：过水断面形状越接近于长方形，指数 b 就越接近于 0。不论是巴色站还是遥感反演水面宽度对应的河段，其 Q - W_e 关系的指数 b 均接近于 0，这都正确地反映了在巴色地区河道横断面的形状接近于长方形。

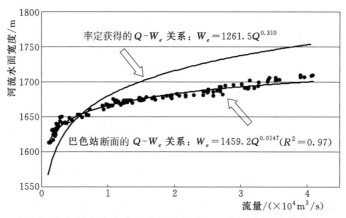

图 5.5 根据河流水面宽度率定获取的以及基于巴色站实测数据的 $Q-W_e$ 关系

5.2.4 模型模拟不确定性分析

模型率定仅使用了从遥感影像获得的 16 个河流水面宽度数据，上述观测数量相比于传统使用流量率定模型得到的数据较少是模拟的不确定性来源之一。采用基于水力几何关系的 $Q-W_e$ 关系添加了两个额外需要率定的参数 a 和 b 是模拟不确定性的另一个来源。图 5.6 描述了巴色站实测全流量范围和小于 3000m^3/s 的区间内卫星观测的 W_e 与实测流量间的关系。结果显示在流量小于 3000m^3/s 的区间内流量和水面宽度间相关性较低，这可能是低流量时段模拟误差较大的原因。

上述结果同时表明该率定方法是有效的，因为 HYMOD 率定结果受到 $Q-W_e$ 关系拟合度的影响。即使在研究区河道断面接近矩形的情况下（河道水

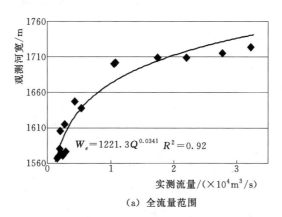

（a）全流量范围

图 5.6（一） 卫星感测河流有效宽度与实测流量之间的统计关系

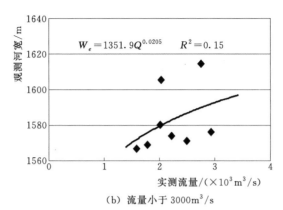

(b)　流量小于 3000m³/s

图 5.6（二）　卫星感测河流有效宽度与实测流量之间的统计关系

面宽度变化对流量变化敏感度相对较低，不是建立 $Q - W_e$ 关系的理想河段），经过遥感观测率定的 HYMOD 仍然能较为准确地估算河道流量。但是需要注意的是，在该河段河道水面宽度测量较小的误差就能导致流量估算较大的误差。如图 5.6 所示，实测流量的变化范围为 $1583 \sim 32282\text{m}^3/\text{s}$，但是河道水面宽度的变幅只有 157m 左右，约为枯水期河道水面宽度的 10%，是遥感数据空间分辨率的 12 倍左右。

为了降低使用遥感水面宽度对流量估算精度的影响，应当尽量选择辫状或者断面形状接近于抛物线等河宽随高程变化较大的河段反演其水面宽度。水面覆盖范围反演精度受到卫星观测分辨率的影响较大，在遥感观测分辨率一定的前提下，在大型河流应用本方法的可行性高于中小河流。

5.3　采用高分辨率地形观测数据提升模拟精度的效果评估

在本研究提出的模型率定框架下，需要在参数自动率定前设定先验采样范围。对于水力几何关系中的两个经验参数 a 和 b，在缺资料地区很难设定合理的先验参数范围。针对该问题，本节使用对地观测卫星（Advanced Land Observing Satellite，ALOS）所搭载的全色遥感立体测绘仪（Panchromatic Remote - sensing Instrument for Stereo Mapping，PRISM）观测的数字地表模型（Digital Surface Model，DSM）提取河流断面形状。将其融入计算明渠水流的曼宁公式，建立比水力几何关系更有物理机制的 $Q - W_e$ 关系用于巴色站以上流域水文模型率定。驱动和率定模型所用的数据与 5.2 节相同。该方法的优势在于 $Q - W_e$ 关系中需要进行率定的参数具有明确的物理意义，在缺资料地区更易设置合理的先验取值范围。

5.3.1 采用高分辨率卫星观测地形信息提取河道横断面形状

河道断面形状定量信息对于河流地貌研究十分重要。为了更好地理解河流水动力过程，需要建立二维和三维水动力学模型。在基于有限元法的水动力过程模拟中，包含河漫滩的河流地形信息不可或缺。目前，利用激光探测和测距系统（Light Detection and Ranging，LiDAR）、航空摄影以及卫星图像的立体像对数据制作高分辨率地表地形数据的方法已经十分成熟，这些高分辨率的地形数据亦可用于提取河流内横断面的形状信息。ALOS PRISM 具有三个独立的全色光学观测系统，沿卫星轨道前后产生立体像对，可生成空间分辨率为 2.5m 高分辨率数字高程数据，其高程数据的分辨率为 1m。本研究使用的 ALOS PRISM 高程数据是由日本遥感技术中心（Remote Sensing Technology Center of Japan，RESTEC）提供的 ALOS PRISM 标准高程产品。

由于地表水面以及被云覆盖区域特殊的光学反射性质，ALOS PRISM 将不生产上述区域的数字高程。这意味着不能直接从 ALOS PRISM 高程数据中直接提取河流水面的高程以及水面以下的水深。然而，对于河流横断面，由于枯水期大部分河道断面形状位于水面以上，因而可以从低流量季节的 ALOS PRISM 观测中提取河流断面形状。本研究使用 2008 年 3 月 1 日在巴色地区的 ALOS PRISM 高程数据，该时期处于枯水期末期，水位处于全年最低的水平，河流横断面大部分位于水面线以上。采用以下方法提取河道横断面有效水面宽度（W_e）与水力半径（R）的关系，有效水面宽度（W_e）与过水断面面积（A）的关系。

（1）建立河道断面宽度 W 和对应高程 H 的关系。如图 5.7（a）所示，从 PRISM 高程数据可提取河道横断面水面以上部分河岸 2.5m 水平距离间隔的高程。进而得到任意高程对应的河道宽度，从而建立 $W-H$ 关系。

（2）建立 W_e 和 R，W_e 和 A 的关系。基于 $W-H$ 关系，假设两个相邻整数高程之间的形状为如图 5.7（b）所示的对称梯形，进而得到 W_e 与 R，W_e 与 A 的数学关系。

为了评估从 PRISM DSM 提取河流断面几何形状的可行性，在巴色地区河段内选择了六个典型断面提取 $W-H$ 关系，其位置如图 5.8 所示，图 5.9 展示了 6 个断面河道宽度与高程的关系。对于断面 CS1 和 CS3 位于形状单一的河道，且河道断面形状变化较为平缓，反映出在巴色地区河道断面形状接近于矩形的特征。断面 CS4 和 CS6 横穿河心岛，横截面宽度变化较大。断面 CS2 和 CS5 在低水位期有沙洲裸露，在水位较低时，横截面宽度随水位变化较大。在丰水期沙洲完全被水面覆盖，反映在 $W-H$ 关系上，断面 CS2 和 CS5 在水

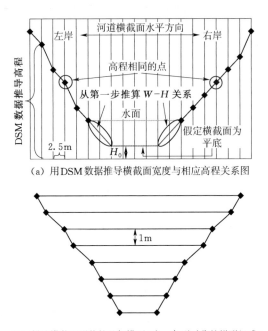

（a）用 DSM 数据推导横截面宽度与相应高程关系图

（b）描述横截面形状的几何模型（由一条列对称的梯形组成）

图 5.7 从 PRISM DSM 数据提取河流水面宽度示意图

位较高的部分河道宽度变化不明显。上述结果表明，从 ALOS PRISM 提取的 $W-H$ 关系可较为准确地定量反映河流地貌形态。

图 5.8 所选择的六个河道横截面在制作 DSM 数据正射影像中的位置

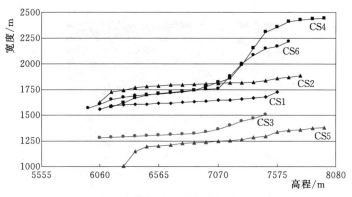

图 5.9 六个横截面河道宽度与高程的关系

5.3.2 基于曼宁公式与河道横断面形状信息的 Q-W_e 关系的构建

将从 PRISM DSM 得到的河道断面信息融入曼宁公式可得到河流水面宽度与流量如下关系：

$$Q = \frac{1}{n} \times [h_1(W_e \mid H_0)]^{2/3} \times S^{1/2} \times h_2(W_e \mid H_0) \tag{5.4}$$

式中 h_1、h_2——分别是从 PRISM 高程得到的 W_e-R 和 W_e-A 关系；

n——参数曼宁系数；

S——参数河道坡度。

由于 PRISM 高程无法观测水下地形，因而需要对河流横断面形状中高程较低的部分做一定的假设。假定水面以下断面形状为梯形，河床底高程 H_0 为描述水下断面形状所需新增加的一个参数。经上述改进的曼宁公式后，成为一个自变量为河道水面宽度，n、S 与 H_0 为参数的单值函数。本节研究将上述经改进的曼宁公式的反函数作为将水文模型模拟的流量转化为河道水面宽度的 Q-W_e 关系。

考虑到从卫星观测的水面宽度是一定长度河段内的平均水面宽度，因而使用 PRISM 高程数据在对应的河段内建立 W-H 的平均关系。如图 5.10 所示，在该河段内选择 30 个横断面提取 W-H 关系，所提取的 W-H 关系如图 5.11 所示。基于上述 30 个断面在每个整数高程对应的河宽平均值建立该河段内的 W-H 关系，进而融入 Q-H 关系。该河段内的 W-H 关系具有较高的线性趋势，这与巴色地区只存在浅滩流的实际情况相符。因而采用线性函数关系描述 W-H 关系。

$$W = aH + b \tag{5.5}$$

图 5.10　从 DSM 提取的巴色地区 30 个河道横截面的位置

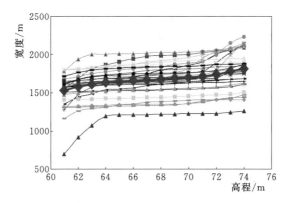

图 5.11　从 30 个横截面提取的 W - H 关系和平均关系（粗线）

基于线性回归分析，a 和 b 值分别是 17.606 和 485.68，且 Q - W 关系线性相关性较高（$R^2 = 0.95$）。基于河道断面形状为梯形的假设下，W_e - R 和 W_e - A 关系采用以下公式描述。

$$A = \frac{1}{2a} [W_e^2 - (aH_0 + b)^2] \tag{5.6}$$

$$R = \sqrt{1 + \frac{4}{a^2}} \times W_e + \left(1 - \sqrt{1 + \frac{4}{a^2}}\right) \times (aH_0 + b) \tag{5.7}$$

将式（5.6）和式（5.7）融入曼宁方程，得到式（5.4）的显式形式。基于该等式，采用 Newton - Raphson 迭代方法计算流域水文模型模拟流量对应的河道水面宽度。n、S 和 H_0 参数值与水文模型的参数一起通过最小化模拟河道水面宽度与遥感观测值为目标的 NSGA Ⅱ 自动优化获得。在单次 Newton - Raphson 迭代计算过程中，n、S 和 H_0 将作为已知的常数进行处理。

为了应用 NSGA Ⅱ，除了 HYMOD 的参数，还需要确定等式的参数。对于 n、S 和 H_0，取值范围必须足够大，以确保模型行为能够跨越观测范围，可以从文献中获得，也可以从有限的局地信息中估计。许多指南都提供了不同粗糙度情况下河床曼宁系数的取值范围，例如 Chow（1959）和 Albertson et al.（1964）中的表格、Chow et al.（1988）以及 Arcement et al.（1989）中的示意图。基于巴色地区河道具有冲积型、砂质且无植被的特点，据此设定了 n 的先验取值范围。基于根据湄公河下游干流河床平均高程的纵向变化分析显示，巴色地区河床坡度很缓（2.42×10^{-5}），因此设定了一个较低的 S 先验取值上限。在 PRSIM 高程数据中，与水面相邻的像素点平均高程是 61m（所有点的标准差为 2m）。将该高程值假定为 PRISM 进行观测时的平均水面高程。基于该信息对 H_0 的先验取值范围进行了设定。上述三个参数的先验取值范围见表 5.3。

表 5.3　　　　　　　　改进曼宁方程的参数取值范围

参　数	n	S	H_0
范围	0.017～0.035	0～0.02	55～63

5.3.3　模型模拟效果及水力学参数合理性评估

将通过遥感数据率定所获得的位于最优前沿的参数组应用于 HYMOD 进行流量估算，多组参数对应的纳什效率系数平均值为 89.98%。图 5.12 为巴色站的流量模拟与观测值的时间过程曲线。表 5.4 表示了模拟流量相对误差的统计情况，结果显示有 25% 的模拟值位于 10% 相对误差范围内，97% 的模拟值相对误差小于 100%。说明在缺资料地区应用基于融合高分辨率河道断面形状信息的曼宁公式描述 Q-W_e 关系具有可行性。

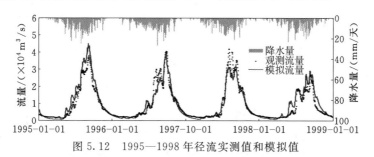

图 5.12　1995—1998 年径流实测值和模拟值

表 5.4　　　　　　　不同水位误差等级内流量模拟值的占比

水位相对误差	±0.1	±0.2	±0.5	±1.0
估值百分比	25%	44%	83%	97%

为了进一步评估该方法的可行性，对率定得到的 S，H_0，n 值（$1.16\times$ 10^{-4}，60.93m，0.0272）的合理性进行分析。图 5.13 显示了 1999—2000 年巴色站实测水面坡度值与对应的日流量观测值之间的关系。通过率定获得的水面坡度值在实测值的范围之内。通过率定获得的 H_0 值与从 PRISM 高程数据中测量获得的水面高程值相差 0.07m。1999—2000 年巴色站水位测量最低值为 0.46m，考虑到 PRISM 数据图像的时间为枯水期末期且 PRISM 数据高程精度为 1m，因而认为 H_0 的率定值是合理的。为了分析率定获得的 n 值的合理性，基于率定所得的参数值直接应用式（5.4）估算河道流量。计算从率定模型所使用的 16 幅 JERS-1 SAR 影像和新获取的 1999—2002 年 4 幅 Landsat7 图像观测的河流水面宽度对应的流量值。由于 JERS-1 和 Landsat7 成像机制不同，两组图像河流水面宽度反演的误差特征应该是不同的。然而如图 5.14 所示，流量估算的误差有类似趋势：在高流量和低流量范围内，流量模拟值偏低；在中等流量范围内模拟值偏高。上述现象说明河流水面面积反演误

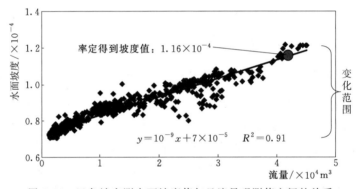

图 5.13　巴色站实测水面坡度值与日流量观测值之间的关系

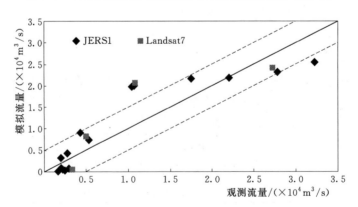

图 5.14　根据 16 景 JERS-1 和 4 景 Landsat 7 影像观测
河流水面宽度估算流量与实测值的对比

差对流量估算的影响较小。因而采用基于曼宁公式的 $Q - W_e$ 关系描述巴色地区河流水力学特征是流量估算不确定性的主要来源。

对于低流量时段，流量估算值对于 H_0 较为敏感，主要是受到河床底部粗糙度和形态的影响。图 5.13 显示在巴色地区河道水面坡度变幅较小。通过率定获得的水面坡度值对应的流量较高。Dingman（2007）认为在使用基于坡度＋粗糙度的流量估算方法时，对于不同流量采用同一坡度值是基本合理的。但是图 5.14 的流量模拟误差显示，通过率定获得的 n 值是低估了中等流量范围的河床粗糙度并且高估了洪水期的河床粗糙度。考虑到通过率定获得的 n 值是反映整个率定期河流粗糙度的平均值，上述分析显示该坡度值是合理的。但是未来为了进一步提高流量估算精度，推荐将 n 值设置为一个随流量变化的动态参数。

5.4 基于通用似然不确定性估计方法（GLUE）的模拟不确定性评估

5.4.1 NSGA Ⅱ 的局限性以及 GLUE 的应用

作为一种计算速度快且精英化的多目标进化算法，NSGA Ⅱ 可以深度搜索参数空间，从观测数据中提取率定模型有效信息。5.2 和 5.3 节的结果表明 NSGA Ⅱ 可成功地找到模型响应空间中能够可靠模拟流量的区域，验证了本研究所提出参数率定方法的可行性。在 5.2 节中，使用位于帕累托最优前沿的参数组进行流量模拟，其模拟不确定性条带被期待应尽可能包含更多的实测流量。尽管对应的集合模拟精度较好，但如图 5.4 及图 5.12 所示不确定性范围十分狭窄，仅仅包含了 9.6% 的流量观测值。该现象归因于两个因素，一个是模型固有的不完美性，包括模型的结构和输入数据的不确定性；另一个是模型参数的不确定性，即位于帕累托最优前沿参数组的差异性不足以解释模型模拟不确定性。在该方面 GLUE 方法比 NSGA Ⅱ 的表现更好，因其可通过似然函数的阈值实现对优秀参数组变异性大小的控制。GLUE 的优点在于它可提供对受到模型结构、参数、输入数据影响的模型模拟不确定性的定量评价。在缺资料流域的实际应用中，通过不连续卫星观测数据来对模型模拟效果进行评估。如何比较观测与模拟之间的差异是评价模拟可靠性的关键因素。GLUE 方法可有效评估模型模拟效果并量化模拟不确定性。

在本节中，为了更好地量化基于遥感观测率定方法所带来的模型模拟不确定性，在上述基于水力几何关系的湄公河模拟案例中采用 GLUE 方法进行模型率定。利用 GLUE 方法还可分析模型在河道宽度模拟中的性能与在河道流量模拟中的性能之间的相关性，这是所提出模型率定方法成立的一个重要假设。基于表 5.5 所列的参数取值范围和先验均匀分布，采用拉丁超立方体采样方法生成 50000 个参数组进行基于 GLUE 方法的参数自动率定与模拟不确定性分析。采用衡量模拟水面宽度与卫星观测水面宽度间差异的 RMSE 的倒数作为 GLUE 的似然函数。

表 5.5　　　　　　　　　　　随机抽样的先验参数取值范围

C_{max}	B_{exp}	$Alpha$	K_s	K_q	a	b
1～500	0～2	0～1	0.01～0.5	0.5～1.2	1000～2000	0～0.1

5.4.2　河道水面宽度模拟效果评估

通过对河道水面宽度模拟效果的分析来检验流域水文模型与水力几何关系串联模型输入-状态-输出过程的可靠性。在 GLUE 方法率定框架下，在确定模型结构、输入数据和似然度函数之后，选择合适的似然函数阈值将极大影响能否实现模拟不确定性条带尽可能覆盖更多观测值且模拟不确定性较小（不确定性宽度较窄）之间的平衡。首先我们选择了一个较低的似然函数阈值（0.0167，对应的 $RMSE$：60m）。在 5 万个参数空间样本中，1090 组参数模拟河宽精度达到该阈值，其对应的模拟不确定性条带范围如图 5.15 所示。所有 16 个河道水面宽度卫星观测值均被模拟不确定性条带所覆盖。为了进一步降低模拟的不确定性，使用更严格的似然函数阈值（0.0333，对应的 $RMSE$：30m）对参数空间样本进行筛选。仅有 151 组参数达到该模拟精度要求。所有 16 个卫星观测仍被模拟不确定性条带所覆盖。与此同时，如图 5.15 所示不确

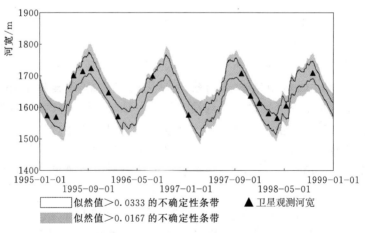

图 5.15　似然值大于 0.0167 和 0.0333 的优秀参数组对应
的模拟河流水面宽度不确定性条带

定性条带宽度显著降低，即模拟不确定性显著降低，说明第二个阈值更加合理。不确定性条带将观测值和模拟值之间的差异可视化，本研究河流水面宽度模拟结果表明，模型的输入—状态—输出行为可靠。

5.4.3 河道流量模拟效果评估

将各优秀参数组中的降雨径流模型参数值单独应用于 HYMOD 模型中模拟河道流量。图 5.16 分别描述了两个似然函数阈值对应的流量模拟不确定性条带很好地再现了河流流量的变化幅度和时变特征。阈值 0.0333 和 0.0167 对应的不确定性条带分别覆盖 39.8% 和 70.3% 的实测流量观测，与其他基于GLUE 方法的水文模型率定研究的结果类似（Jia 和 Culver，2008）。然而，即便所有的河流水面宽度观测值均在模拟不确定性条带内，但是部分河道流量观测值未被流量模拟的不确定性条带所涵盖。

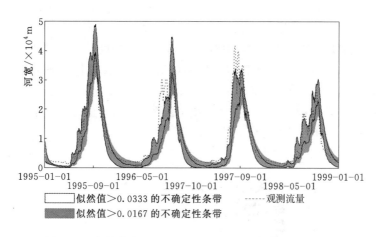

图 5.16　似然值大于 0.0167 和 0.0333 的优秀参数组对应
的模拟流量不确定性条带

每个参数组的似然函数值定量衡量河流水面宽度测量值与模拟值之间的差异，被用于衡量河流流量模拟效果优劣。从流量模拟效果方面看，由于所覆盖的实测流量观测值更多，阈值 0.167 比 0.333 更加合理。在实际缺资料流域的应用过程中，通过试错可以找到一个合适的阈值，使其对应的河宽模拟不确定性条带能够覆盖所有观测且其宽度较窄，类似于本研究中似然函数的阈值0.167。毫无疑问较低的阈值能够保障不确定性条带能够覆盖更多的观测，但同时不确定性条带将变得更宽进而加大模拟不确定性。在 GLUE 框架下，阈值设置对模拟不确定性的影响在 GLUE 框架下能够清晰地呈现给建模者，进而决定最合适的阈值。但是即便阈值设置的很低，也无法确保不确定条带能够

100％覆盖观测值，因为无法克服模型固有结构上的缺陷对模拟结果的影响。例如，两个阈值对应的模拟不确定性条带均无法覆盖 1997 年的洪峰且两者的上边界十分相似。造成该现象的原因可能是所使用降水数据和模型对降水空间异质性描述方式无法准确描述 1997 年丰水期降水特征，GLUE 率定过程中即便阈值设置的再低也不可能改变此现象。

5.4.4　河道宽度模拟与流量模拟结果相关性

本研究提出的率定方案其实做了如下的假设：在河道宽度模拟方面表现良好的参数组，在流量模拟方面表现同样良好。只有当上述从河道宽度模拟到流量模拟的外推成立时，所提出的模型率定方法才是可靠的。在本研究中，由于获取到了巴色站的实测流量数据，使得分析通过 GLUE 率定得到的有效参数组模拟河道水面宽度与河道流量性能之间相关性变得可能。计算似然值都高于 0.0167（$RMSE < 60\mathrm{m}$）的每个优秀参数组模拟流量的纳什效率系数并绘制与其模拟水面宽度似然函数值之间的散点图，如图 5.17 所示。在河道水面宽度模拟中模拟精度类似的参数组，其模拟河道流量的精度具有差异性（例如，线 A 对应的点）。与此同时，随着似然值的增加，相同似然值的参数组之间流量模拟性能的差异性在减小且整体精度在提升（例如，线 B 上的点比线 A 更收敛，Nash 效率系数的平均值更高）。散点图所体现的特征说明了本方法所基于的假设在湄公河的实例中是成立的。

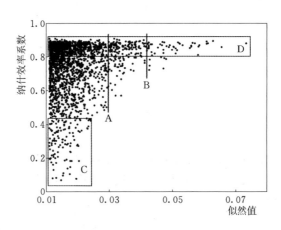

图 5.17　似然值高于 0.0167 参数组的似然值与 Nash 效率系数散点图

同时该散点图还显示了使用卫星观测的河流水面宽度数据作为水文模型率定数据的局限性。在图 5.17 中，位于 C 区的参数组在流量模拟的表现较差，原因是 GLUE 的判断仅仅基于每个参数组对河流水面宽度模拟效果的优劣，而没有使用任何流量信息来进行参数组筛选。但由于该类参数组似然值相对较低，对流量集合模拟的贡献将十分有限。而位于区域 D 中的参数组更值得关注，它们是模拟流量精度较高的参数组。该区域有很多参数组，说明从卫星观测到的河流水面宽度具有有效率定水文模型的潜力，同时也反映了降雨径流过程模拟的异参同效性。在该区域似然值相对较低的参数组在流量集合模拟中的权重较低，可能会导致模拟无法重现流量过程曲线中的一些细节。但因 D 区中仍然具有许多高似然值的参数组，河道流量变化过程仍可被模型集合模拟较为精准的再现。

5.4.5 模型参数后验参数分布

该方法的可靠性还可以通过参数后验分布能否反映流域水文特征进行论证。图 5.18 和图 5.19 分别是 1090 个优秀参数组中 HYMOD 和水力几何关系参数值与其对应的似然函数值的散点图。对于 HYMOD 水文模型的五个参数，其取值全面覆盖了先验取值范围，体现了降雨径流过程模拟的异参同效现象。与此形成鲜明对比的是，水力几何关系的两个参数（例如 a 和 b）在很大程度上受到了率定数据的限制。该现象说明这两个参数对率定模型的遥感数据是敏感的而且并未受到降雨径流模型参数异参同效效应的影响。水力几何关系参数 a 和 b 受到所描述河流过水断面的几何形状和水力学特征影响（Ferguson，1986；Dingman，2007）。通常其数值通过基于流量和河道水面宽度观测值的回归分析得出。如图 5.19 所示，a 和 b 的后验分布呈单峰形态，最大似然值对应的参数值分别为 1363.1 和 0.023，接近通过实测数据拟合获得的最佳值（$a=1221.3$，$b=0.0341$）。综上所述，a 和 b 的后验分布合理反映了巴色地区河道的水力学特征。

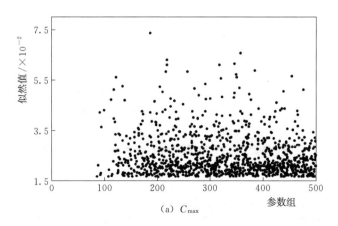

图 5.18（一） HYMOD 五个模型参数值与似然值的散点图

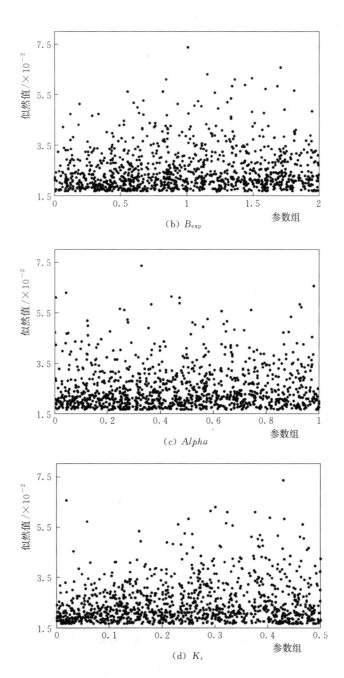

图 5.18（二）　HYMOD 五个模型参数值与似然值的散点图

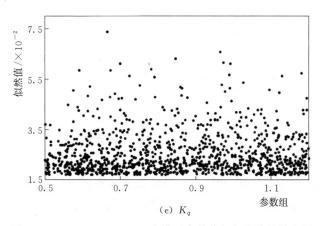

（e）K_q

图 5.18（三）　HYMOD 五个模型参数值与似然值的散点图

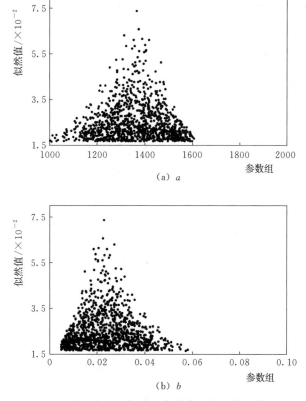

图 5.19　断面水力几何关系参数值与似然值的散点图

尽管在巴色地区河流水面宽度变幅仅为 JERS1 SAR 影像分辨率的十余倍，但所提出的率定方法的应用是成功的。结果表明，该方法能够应用于 Q-W_e 水力几何关系中指数较低（小于 0.1）也就是水面宽度对流量变化相对不敏感的河段。除了河道流量与水面宽度需要存在很强的相关性以外，成功应用这种方法的另一个前提是水面宽度的变化可被卫星观测精确测量。这与卫星传感器的观测分辨率关系极大。目前许多卫星图像产品具有分米级分辨率，例如我国高分系列卫星以及 QuickBird 等欧美商业卫星。这些高分辨率的图像可以用于反演中小型河流的河道水面宽度变化。从所适用的河流空间尺度及河道断面类型来看，该方法具有广泛的应用潜力。

与用河流流量进行率定相比，本研究提出的率定方法只使用间断的卫星观测数据用于参数识别。在本章湄公河流域的研究中，参数组优劣的判断仅依据 4 年期间 16 次不连续的卫星观测。Perrin et al.（2007）研究结果表明，在 39 年的连续流量测量记录中，只用 10 个随机选择的流量数据仍然可以成功率定模型。本研究率定模型所使用的观测频次与上述研究大致相同。由于巴色地区河流水文过程变化较为平滑，因而对卫星观测数量要求较低，每年只需几次观测即可捕捉到水文过程变化的特征。为了再现年内和年际变异性较高的流量过程，则需要高观测频次的卫星观测率定模型。

第6章 采用星载雷达测高计
观测水位率定水文模型

本章研究以美国密西西比河流域为例，探讨使用 TOPEX/Poseidon（T/P）星载雷达测高计观测的河流水位数据率定流域水文模型的可行性，进而分析了水文模型参数与使用遥感数据率定模型这两个因素对于水文模型模拟不确定性的贡献，同时定量讨论了去除高误差卫星观测对流量模拟精度的影响。

6.1 星载雷达测高计观测水面高程的方法

6.1.1 星载雷达测高计观测原理

卫星雷达高度计是一种持续向地球表面发射微波脉冲的有源传感器。通过微波发射和回波接收之间的时间延迟计算从卫星到地面的距离是将上述卫星观测距离与其轨道位置信息相结合，即可得到地表相对于参考椭球体的高度。对于河流水面高程的观测，考虑到雷达测高计观测的误差，通常采用由一定空间范围内所观测水面高程的平均值作为最终观测值。

对于估算河道流量，河流水面高程比水面宽度更有效。然而，目前可用的雷达高度计只能提供沿卫星轨道的一维观测，而相邻轨道之间的大片区域（通常数百公里宽）则无法通过雷达测高计观测。此外，由于单次卫星测量覆盖范围较大，当前观测仅对千米级宽度河流可靠（Birkett，1998）。卫星观测在全球空间覆盖率较低是利用星载雷达测高计观测估算径流量的一个最主要限制因素。虽然河流水面宽度观测相比于水面高程对于反演流量有效性低，但由于其可较为方便地从所有可见光或雷达波段影像中反演，观测的时空覆盖范围远远高于基于卫星的水面高程观测。因此，河流水面高程和水面宽度的卫星观测对于反演径流量各有利弊，各自具有自身的适用范围。

6.1.2 基于 T/P 雷达高度计数据产品的河流水面观测

本章研究以美国密西西比河位于荷华州的美国地质勘探局测量（USGS）克林顿水文站（No.05420500，41°46′50″N，90°15′07″W）上游地区为研究区进行流域水文过程模拟，流域面积 247600km²。采用 T/P 雷达高度计数据产品对克林顿站所在河段的水面高程进行反演，之后用于 HYMOD 水文模型的率定。

使用 T/P 卫星观测对克林顿地区 1998—2002 年河流水位进行反演。所使用的数据产品由法国空间地球物理和海洋学研究实验室（LEGOS）的空间大地测量和水团队（GOHS）生产（http：//www.legos.obs-mip.fr/en/soa/hydrologie/hydroweb/）。研究区的河水水位测量方案如图 6.1 所示（源自 LEGOS）。T/P 卫星以 1/10s（10Hz）的频率测量水位。对于每个观测周期，在定义的矩形窗口内至少有两个 10Hz 的观测值［图 6.1（a）中的散点］。每个观测时刻该窗口内所有水位观测的平均值作为该卫星观测时刻从卫星反演的水位，同时使用所有水位观测值的标准差来衡量观测误差。有关该产品和数据处理的详细信息请参考 Crétaux et al.（2011）的研究。考虑到卫星观测与实地水文站观测水面高程的计算基准不同，将 T/P 卫星观测到的平均水位值增加 2.13m，进而与克林顿站的现场测量水位进行比较。图 6.1（b）显示了 1998—2002 年期间地面观测和带有误差条带的卫星观测数据的时间序列，两者变化趋势较为吻合，表明 T/P 观测可以较好地反演克林顿地区河道水面高

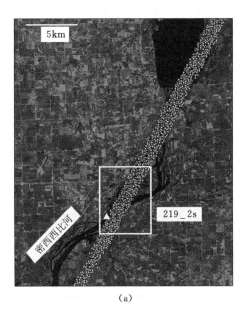

（a）

图 6.1（一）　（a）白框为克林顿地区 T/P 卫星观测窗口（由 LEGOS 提供）。散点为
卫星观测位置。矩形窗口是收集卫星观测数据的区域。三角形是美国地质调查局
克林顿水文站所在位置（41°46′50″N，90°15′07″W）。

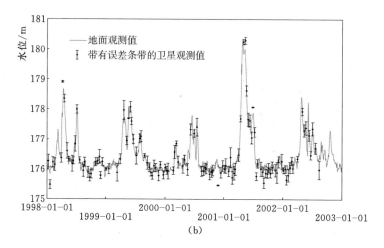

图 6.1（二） （b）T/P 卫星高程观测所得的
水面高程与克林顿站的实地测量水面高程对比

程。图 6.2 表示两组观测值之间的散点图，显示两者相关性很高。为了更加直观地反映卫星观测的不确定性程度，图 6.3 中绘制了研究区的卫星观测水位与对应误差之间的关系，所有观测的标准差都小于 35cm，同时显示低流量时期观测的误差相对较高。

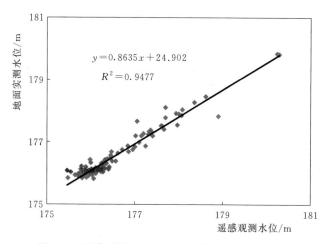

图 6.2 遥感观测水位与地面实测水位间相关关系

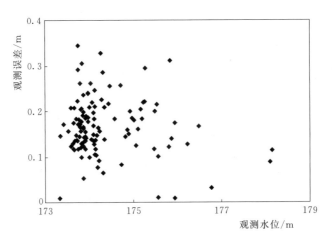

图 6.3　卫星观测水位与观测误差间相关关系

6.2　研究流域概况与模拟设置

6.2.1　研究流域概况

美国密西西比河发源于明尼苏达州的伊塔斯卡湖，在伊利诺伊州与俄亥俄河交汇，全长约 2000km。流域内的气候差异很大，年平均降水量从北部的 600mm 到南部的 1220mm 不等。年平均流量从明尼苏达州圣保罗的 259.9m³/s 增加到伊利诺伊州第比利斯的 5799.3m³/s。流域内土地覆盖多样，包括农田、森林、湿地、湖泊和城镇。河流支撑着多样的水生生态系统，提供了大量景观娱乐场所，同时支撑着发达的商业航运以及超过 3000 万人生产生活用水。

克林顿水文站位于克林顿镇下游 10.3km，13 号水坝下游 17.3km，距离下游与俄亥俄河交汇处 823.7km。整个密西西比河分布着大量的船闸和水坝。对于克林顿水文站，其水位流量关系受到位于下游克莱尔镇 14 号船闸的影响，但其影响较小（USGS，2008）。基于水力几何关系拟合实测流量与水位，以均方根误差为拟合目标，得到最佳的流量与水位关系（以下简称 Q-H 关系）为 $H = 0.0017Q^{0.8875} + 175.22$，其均方根误差为 0.090m。图 6.4 显示了实测流量与水位散点图以及最佳拟合曲线。图中的散点表明回水确实对水位流量关系具有影响。在整个流量变化范围内，水位测量值和基于流量观测值从最佳拟合曲线上的计算值之间的最大差异为 ±0.4m。大多数误差在 ±0.2m 以内，小于克林顿站水位变幅（4.59m）的 5%。基于上述认识，尽管研究河段存在回水现象，但基于水力几何关系描述水位与流量关系是合理的。

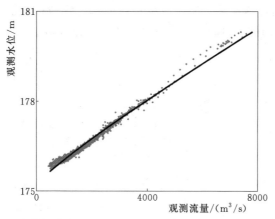

图 6.4 克林顿站实地观测日流量与观测水位的最佳拟合曲线图

6.2.2 模型模拟与率定设置

对于 HYMOD 水文模型模拟，整个研究区域被划分为 8 个子流域。使用 NOAA 卫星与信息中心提供的 GHCN（Global Historical Climatology Network）降水数据作为模型输入，模型模拟期为 1998—2002 年。对于本研究，需要率定的参数包括 HYMOD 模型的五个参数和描述水位与流量关系中的 c，f 及 H_0 三个参数。使用拉丁超立方体采样算法，根据表 6.1 中列出的参数范围和假设的均匀分布，随机选择 100000 个参数集。将生成的参数集应用于集合模型（HYMOD＋$Q-H$ 关系）来模拟研究区 1998—2002 年期间的水位。为了评估每个参数组的性能，采用 $RMSE$ 作为似然函数。其阈值选择的标准是，选择阈值的标准是该阈值能够使 T/P 观测的大部分平均水位包含在模拟水位的不确定性带中，同时使得不确定性带宽相对较窄。

表 6.1　　　　　　　　　　用于随机取样的参数先验分布

C_{max}	B_{exp}	$Alpha$	K_s	K_q	c	f	H_0
1~400	0~2	0.2~0.99	0.01~0.5	0.5~1.2	$10^{-5}\sim10^{-1}$	0.2~0.8	165~175

6.3 使用 T/P 数据率定模型的效果评估

在当前模型率定框架下，似然函数值是评估每组参数优劣的唯一指标。通过几次试错测试以试图在保持较窄的不确定性带的同时能够包括大多数卫星观测值为原则，选取数值 1.333（对应的 $RMSE$ 为 0.75m）为似然度的阈值。在 100000 个随机生成的参数组中，只有 934 个参数组模拟流量达到该阈值，被认为是优秀参数组。图 6.5 表明除了少数极端高水位和低水位情形以外，大部分 T/P 观测值都落在 934 组参数组对应的集合水位模拟的不确定性带范围内。集合模拟平均值的时间序列很好地再现了卫星观测到的水位动态变化。

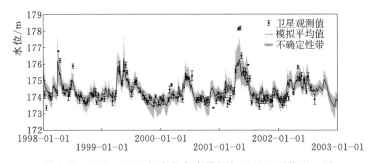

图 6.5 1998—2002 年水位集合模拟与卫星观测值对比图

虽然 GLUE 侧重于将所有参数视为一个整体,但是单个参数的数值与所在参数组对应的似然度函数值之间的关系图仍具有分析价值。图 6.6 展示了 8 个优秀参数组的单个参数数值与对应似然函数值之间的关系。在被率定的 8 个参数中,零流量的水位(H_0)是最敏感的参数,并其后验分布的单峰分布特征与该参数所反映的物理意义一致。水力几何关系的指数和系数后验分布也应呈现出单峰分布的特征,然而优秀参数组中这两个参数的数值布满整个先验取

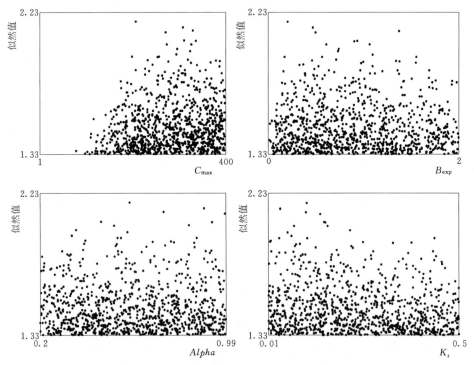

图 6.6 (一) 经遥感数据率定后集合模型参数的后验分布

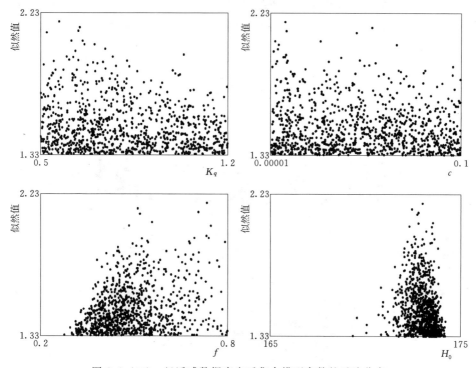

图 6.6（二）   经遥感数据率定后集合模型参数的后验分布

值范围，尤其是参数 c。在一定程度上该现象可通过研究区存在回水效应来解释。对于 HYMOD 的 5 个参数，优秀参数组对应的参数值几乎涵盖整个先验范围，体现了水文模型参数的异参同效现象。

从以上两个方面可以推断，经卫星数据率定后的模型能够在一定程度上反映流域实际情况，这是使用模型进行流量估算的重要前提。在实际的缺资料流域中，水位模拟性能良好，参数后验分布和流域属性一致可以间接证明由经率定后水文模型估算流量是可靠的。与传统的参数区域化方案相比，这是本研究方法的一个优点。将 934 个优秀参数组应用于 HYMOD 模型进行流量估算，进而对 T/P 观测数据率定水文模型的有效性进行评估。如图 6.7 所示，集合模拟流量的不确定性带包含 5 年期间约 65％的日流量记录，并相当好地捕捉了流量变化的结构。集合模拟日平均流量的纳什效率系数为 64.50％。

此外，每组参数的似然值与模拟流量纳什效率系数的散点图分析显示，T/P 卫星观测对参数取值进行了有效限制（图 6.8）。与在湄公河巴色以上流域研究结果类似，流量模拟的性能在具有相同似然值的参数组之间有所不同，这反映了卫星观测对参数空间的约束较少。尽管如此，当沿着似然值的坐标轴正向移动时，对于具有相同似然值的参数组，离散度在减小且平均模拟流量性能提高。表明水位模拟精度较高的参数组同时也可以进行精度较高流量模拟的假设是成立的。

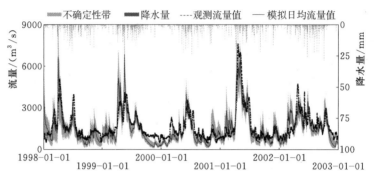

图 6.7　根据 T/P 观测率定后优秀参数组流量模拟不确定性条带

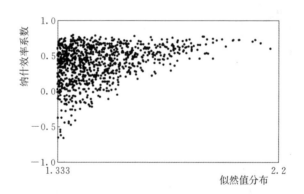

图 6.8　优秀参数组似然值与流量模拟纳什效率系数散点图

本研究虽然未使用实测流量数据率定模型，但所识别出的优秀参数组亦可对流量进行相当精准的模拟。这表明在缺资料地区利用水位卫星观测率定流域水文模型是可行的。同时，目前还不清楚参数的异参同效现象是由水文模型的固有缺陷还是由于使用卫星数据率定模型所引起。因此，接下来将探索使用 T/P 卫星观测率定水文模型所造成的额外模拟不确定性。

6.4　使用卫星观测水位所带来的模拟不确定性

对比使用卫星观测的水位数据和现场观测的流量数据率定模型的性能，将有助于我们认识使用 T/P 卫星观测数据进行模型率定所引入的额外不确定性。在 GLUE 框架下使得这种对比变得可能。使用克林顿站 1998—2002 年间的连续日流量数据对 HYMOD 模型进行率定。与用 T/P 观测值进行模型率定一样,使用 HYMOD 模型参数空间随机生成的 100000 样本进行率定,选择流量模型的纳什效率系数作为似然函数。

基于似然函数值的高低,排名前 934 个参数组(保持与使用卫星观测值率定得到的优秀参数组数量保持一致)被视作优秀参数组。图 6.9 对比了两次率定 HYMOD 模型参数后验分布的差异。后验累积概率分布与所假设的先验均匀分布之间存在明显偏差表明该参数敏感(Beven 和 Freer,2001)。基于 T/P 卫星观测的后验参数分布与原始均匀分布的偏差比基于流量数据的模型率定要小得多,表明 T/P 卫星观测对参数空间的约束较小,从而解释了该率定中参

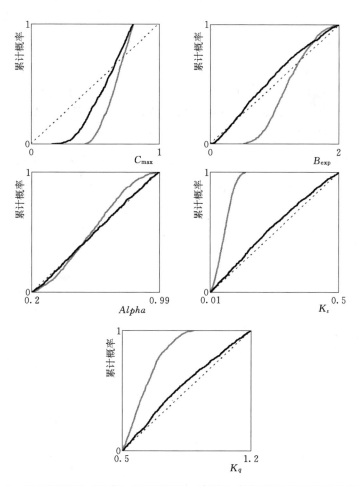

图 6.9 以 T/P 观测(黑线)和流量观测(灰线)率定 HYMOD 模型参数后验分布以及假设的先验均匀分布(虚线)

数异参同效现象主要源自率定目标由流量向水位的转移，而不是水文模型内在的结构问题。

图 6.10 显示了基于流量数据率定模型对应的集合模拟流量不确定性带和平均日流量模拟值。平均模拟的纳什效率系数为 79.05%，远高于用 T/P 观测值率定模型对应的纳什效率系数（64.50%）。在某些时期，两种率定方法模拟的流量与观测值之间存在相似的偏差。例如，1999 年秋季至 2000 年春季的流量模拟值都低于观测值，这表明使用卫星数据进行率定不能减少由于水文模型本身结构问题所造成的模拟不确定性。

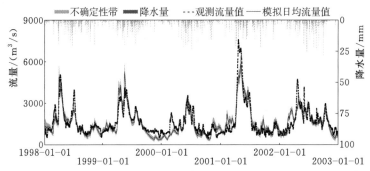

图 6.10　基于实测流量率定所得优秀参数组对应的流量模拟不确定性条带

上述比较结果表明，与 T/P 卫星观测值相关的额外不确定性不容忽视。这与在本研究开始时对所提出的方法预期一致，即它不是一种取代流量数据的参数率定方法，而是适用于无法获取流量情况下的一种特定方法。使用卫星数据率定模型而带来附加不确定性的成因包括三部分：第一，T/P 数据自身的不确定性、观测频率低和相对于现场测量的较大误差；第二，引入基于水力几何关系描述研究区河道 Q-H 关系所带来的模型结构不确定性；第三，Q-H 关系 3 个参数与 5 个水文模型参数之间互相影响所带来的参数不确定性。为了理清每个源的贡献，在固定 Q-H 关系 3 个参数值基础上，再基于 T/P 观测对模型进行率定，之后分析模型模拟结果的变化。将基于水力几何的 Q-H 关系用于拟合 T/P 观测与相应实地观测流量之间的关系。最佳拟合曲线是 $H = 0.003845Q^{0.8153} + 172.76$，基于拟合结果将 c（0.003845）、f（0.8153）和 H_0（172.76）固定。将似然函数值最高的前 934 个参数组视作优秀参数组。尽管遥感数据自身不确定性仍影响模拟系统，但 5 个水文模型参数的后验分布（图 6.11）显示出与使用流量数据率定结果的高度相似性。该现象揭示由 T/P 数据自身带来的模拟不确定性小于其余两个因素。主要的不确定性来源是模型结构的改变。该结论的重要意义是揭示了雷达测高计观测精度足以满足本研究所提出的模型率定方法。

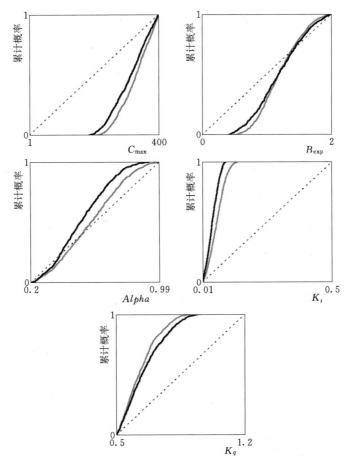

图 6.11　固定水力集合关系参数后使用 T/P 观测（黑线）和原始模型使用流量观测（灰线）率定模型对应的参数后验分布和先验均匀分布（虚线）

6.5　卫星观测频率与误差对模拟结果的影响

　　尽管 T/P 观测数据本身对模拟不确定性的贡献很小，但为了提高对该复杂建模系统的理解，仍有必要分析 T/P 观测误差和观测频率对流量模拟的影响。为了比较较少的精确观测值和较多的不太精确的测量值在率定模型效果方面的差异，分别使用卫星观测标准差小于 0.2m、0.15m 和 0.1m 的 T/P 观测率定模型。表 6.2 列出了使用所有卫星观测与上述三次率定的结果（分别命名为实验 I～实验 IV）。优秀参数组平均模拟流量的纳什效率系数反映了模型模拟流量的性能。优秀参数组的数量表示参数空间对率定数据的响应情况，而流量集合模拟的不确定性（SEU）采用以下方法度量。

$$SEU = \frac{1}{n} \sum \left(\frac{Q_{i,95\%} - Q_{i,5\%}}{Q_{i,\text{obs}}} \right) \tag{6.1}$$

式中　　$Q_{i,\text{obs}}$——克林顿站在第 i 个时段的实测流量；

$Q_{i,95\%}$、$Q_{i,5\%}$——分别是在第 i 个时段集合模拟流量 95% 和 5% 的分位数；

n——模拟的时间步长数量。

表 6.2　　　　使用所有 T/P 观测、测量误差小于 0.2m、0.15m

和 0.1m 观测的参数率定结果

实　验　编　号	Ⅰ	Ⅱ	Ⅲ	Ⅳ
卫星数据/m	全部	误差<0.2	误差<0.15	误差<0.1
卫星观测的数量	117	85	51	10
优秀参数组数量	934	642	365	4
与上一次实验相同的优秀参数组数量	—	634	342	4
最小的 $RMSE$/m	0.461	0.473	0.554	0.736
集合模拟平均流量的纳什效率系数	64.50%	66.01%	65.45%	24.10%
流量估算的不确定性（SEU）	82.79%	79.88%	75.07%	17.92%

从实验Ⅰ到实验Ⅳ，水位数据的精度提高了，同时观测值的数量也变少了。前三个实验得到的模拟流量精度类似，但实验Ⅳ的模拟结果较差。这表明，尽管实验Ⅳ所使用数据是最精确的，但使用高精度观测数据也不能补偿降低观测频率造成的信息损失。因此，基于测量误差过度筛选卫星观测有可能使观测值保持更高的精度，但较少的观测值可能会降低率定模型的有效信息含量，进而降低经率定后水文模型的性能。

实验Ⅱ和实验Ⅲ对于精度相对较差的卫星观测筛选幅度较为温和。前三个实验结果的差异可说明数据筛选的价值所在。与实验Ⅰ相比，实验Ⅱ中识别出的优秀参数组减少约三分之一。实验Ⅱ识别出的绝大部分优秀参数组（642个中的634个）在实验Ⅰ中也被识别为优秀参数组。一个值得注意的问题是，在实验Ⅰ获得的优秀参数组中，哪些参数组被实验Ⅱ拒绝识别为优秀参数组？图6.12（a）绘制了实验Ⅰ中优秀参数组似然值与流量模拟纳什效率系数间的关系，按实验Ⅱ中是否仍被识别为优秀参数组进行标记。被实验Ⅱ剔除的参数组大部分位于似然函数值低值区，实验Ⅱ和实验Ⅲ之间的比较也得到类似的结果，如图6.12（b）所示。这表明，当率定数据的质量相对较低时，该类参数组能够达到似然阈值仅仅是因为它们能够相对较好地再现具有高误差的观测，而不是因为它们能够较好地反映流域水文特征。使用精确较高但数量较少的卫星观测可能有助于排除这一类的参数组。

图 6.12 中被剔除的参数组位置清楚地展示出前三个实验中模拟流量性能

十分接近。这些被剔除的参数组似然值相对较低，因此它们对集合流量模拟贡献较低。如表6.2所示，随着数据质量的提高，GLUE捕捉到的模拟不确定性略微降低。另一方面，前三次实验模型性能的稳定性表明，遥感数据本身的不确定性对在三次率定中均被识别为优秀参数组的似然度的影响较小。该现象再次说明，与其他不确定性来源相比，卫星观测误差本身对流量模拟的影响相对较小。

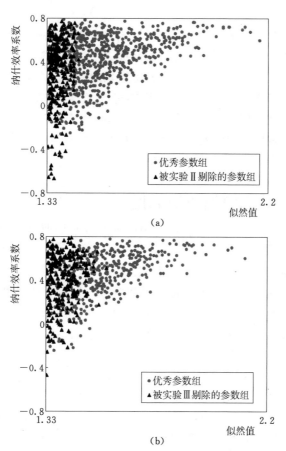

图 6.12　从（a）实验Ⅰ和（b）实验Ⅱ识别的优秀参数组的似然函数值与
模拟流量纳什效率系数散点图

第7章 采用高分辨率可见光影像提取河流水面宽度率定水文模型

卫星数据的分辨率必须足以追踪到河流水面宽度及高程的动态变化是所提出的水文模型率定方法能够成功应用的前提之一。前两章使用的卫星数据受其分辨率的影响，仅适用于河道宽度在公里级别的河流。本章将使用当前商用卫星分辨率最高（米级）的可见光影像提取的水面宽度，来探讨在出口断面河道宽度为百米级的流域应用所提出率定水文模型方法的可行性。同时探讨岸边带植被带来的水面宽度观测误差以及使用软性水文信息进一步筛选优秀参数组对模型率定结果的影响。

7.1 研究流域与模拟所用数据

7.1.1 研究区概况

雅砻江起源于青藏高原，是中国长江上游最大的一条支流。流域上下游较大的海拔落差使雅砻江蕴含着丰富的水能资源，该流域计划建设 21 座梯级水电站，总发电量为 30 GW，约为三峡大坝的 1.33 倍。本章节研究涉及雅砻江的上游地区。甘孜水文站是本次流域降雨径流过程模拟的流域出口，河床宽度在 150m 左右，大幅低于之前章节湄公河和密西西比河实例研究。为了率定 HYMOD 水文模型，使用高分辨率商业卫星遥感影像提取甘孜县河段的水面宽度。研究区流域面积约 33000km²，河流长度约 690km，海拔范围 3400～6021m。研究区域全部位于青藏高原东南部，属于大陆性高原气候，冬季漫长寒冷，夏季凉爽潮湿，全年太阳辐射强烈。在过去 50 年中，年平均降水量约为 520mm，6—9 月降雨量占到全年的 73%。

7.1.2 气象及水文数据

水文模型的降水驱动数据为 MSWEP（Multi - Source Weighted - Ensemble Precipitation）数据集（获取途径：http：//www.gloh2o.org）。MSWEP 数据集包括 1979—2019 年全球降水数据，时间分辨率 3 小时，空间分辨率 0.1°。该数据集融合了站点实测、卫星观测和再分析数据，以提供全球范围内可靠的降水估计值（Beck et al.，2017）。建模所使用的潜在蒸散发数据仍然为 Ahn et al.

(1994) 开发的基于 Priestley – Taylor 方法计算的月尺度、全球 0.5°网格化数据集。另外获取了甘孜水文站的日观测流量数据时间序列用于评估模型率定效果。

7.1.3 从高分辨率卫星遥感影像提取河流水面宽度

本研究利用从高分辨率卫星遥感影像提取的河流水面宽度替代甘孜水文站 (31.62°N，99.97°E) 的流量数据，对 HYMOD 模型进行率定。甘孜站的河宽约为 150m，大约是其他用卫星河宽观测值进行流量估算研究（Zhang et al.，2004；Smith et al.，2008；Sichangi et al.，2016）河流宽度的十分之一。相应地，一年内河流水面宽度变化的绝对值比上述研究要小得多，需要使用高分辨率卫星图像来观测水面变化。对 QuickBird、WorldView – 1 和 IKONOS 商业卫星在甘孜地区有效观测时期进行分析，在 2009—2011 年间的 20 张分辨率为米级的全色影像中，只有 4 张河道范围未受到云层覆盖，可用来观测水面宽度。这四幅影像图像的具体情况见表 7.1。在本研究中，这四幅影像被配准并处理成通用横墨卡托坐标系。为了减少潜在的卫星观测误差，从卫星观测中反演甘孜水文站上游一定河段范围内的平均河宽，而不是从遥感影像中直接测量甘孜水文站所在断面水面宽度。本研究选取河段长度大约 7.1km，具体空间范围如图 7.1 所示。由于四幅光学图像的光谱特性和较高的空间分辨率，利用目视解译方法以较高的精度来确定水面面积是可行的。在每幅图像中测量 W_e 的方法为：首先测量与河岸相邻的水面的边缘所覆盖区域的面积，之后测量该河段河道内沙洲面积。两者之差就是该河段的水面面积，之后从图像中测量该河段中央线的长度，两者之比即为从卫星数据提取的河流水面宽度 W_e。

表 7.1　　　　　　　　　四次卫星观测的详细信息

观 测 日 期	水文年时段	卫星传感器	图像波长/nm	空间解析度/m
2009 – 06 – 16	丰水期开始	QuickBird	450~900	0.60
2009 – 08 – 06	丰水期中期	World View – 1	400~900	0.58
2009 – 10 – 25	丰水期结束	QuickBird	450~900	0.60
2010 – 03 – 19	干旱期结束	IKONOS	450~900	0.81

(a)2009 年 8 月 6 日(流量:778.0m³/s)

图 7.1（一）　遥感影像中甘孜地区丰水期（a）和枯水期（b）水面面积对比。从图像中提取平均水面宽度用于率定水文模型的河道范围以黑色粗线表示。灰色区域表示河道中的沙洲。

(b)2010 年 3 月 15 日(流量:81.4m³/s)

图 7.1（二）　遥感影像中甘孜地区丰水期（a）和枯水期（b）水面面积对比。从图像中提取
平均水面宽度用于率定水文模型的河道范围以黑色粗线表示。灰色区域表示河道中的沙洲。

图 7.1 显示了对应汛期和非汛期的两幅遥感影像。两者水面面积区别较大，说明使用米级全色遥感影像能够成功观测甘孜地区水面面积变化。通过回归分析卫星观测的 W_e 与甘孜实测日流量（Q）之间有很强的相关性（图 7.2）。这些发现都证明使用高分辨率的卫星图像追踪甘孜地区的河流水面宽度变化具有可行性。

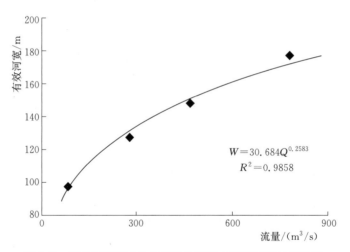

图 7.2　从高分辨率图像中测量的河流水面宽度和对应时段
实测流量的最佳拟合曲线

7.2　模拟设置与实验设计

7.2.1　使用从高分辨率卫星图像中提取的河宽进行率定

本章节研究采用水力几何关系描述 $Q - W_e$ 关系。采用 GLUE 方法进行参数率定。使用 $RMSE$ 的倒数作为似然函数。选用 0.05 作为阈值，对应的 $RMSE$ 为 20m。在 GLUE 之前，必须指定参数的先验范围。水文模型中 5 个

参数的先验范围可以从文献中得到（Vrugt et al.，2003；Kollat et al.，2012）。AHG 中的两个参数 a 和 b 的理论范围分别是 0 到正无穷和 0 到 1。基于 Dingman（2007）的研究，指出 AHG 关系的解析解，我们将 b 的先验范围设为 $0\sim0.7$。虽然这个范围比理论范围窄，但是涵盖了河流断面形状很宽的范围。Dingman（2007）给出了平滩河床宽度的 80% 作为 a 的上限。通过汛期遥感影像观测得到 W_e 的最大值是 176.68m，近似于平滩河床宽度值，因而将 a 的先验范围设为 $0\sim180$（表 7.2）。a 和 b 的先验范围的确定过程不依赖于甘孜地区河段任何地面观测。因此，上述设定 a 和 b 的先验范围方法具有普适性，可适用于任何无实地观测流域。

根据四次卫星观测的时间（2009 年三次和 2010 年一次），使用 GLUE 进行了 2009—2011 年 3 年的率定，共随机生成 100000 组模型参数值。因为只有 4 个河宽观测值用于模型率定，我们没有像传统的模型率定方法一样，将模拟过程分割为率定期和验证期。模型验证首先通过评估率定后的水文模型在 2009—2011 年期间在甘孜站再现每日流量的性能来进行。为了评估长时间尺度下的模型性能，并考虑到流量数据的可用性，再基于 2001—2008 年期间流量估测进一步评价所识别优秀参数集的模拟性能。

表 7.2　　　　　水文模型与水力几何关系参数先验取值范围

参数	$C_{\max}$	$B_{\exp}$	$Alpha$	K_q	K_s	a	b
范围	$0\sim300$	$0\sim7$	$0\sim1$	$0\sim0.25$	$0.5\sim1.2$	$0\sim180$	$0\sim0.7$

7.2.2　卫星观测误差对模型率定的影响评估

使用高分辨率卫星图像来反演水体能够极大提高观测的精确度，特别是水陆交接处像素相关的误差可被大幅度减小。但是，使用可见光波段的卫星图像时，也不能忽视由于云层覆盖和植被冠层存在引起的水面面积观测误差。由于河岸带植物冠层遮盖，部分近岸水面无法从可见光波段影像提取。这对于甘孜地区河段的水面反演并不是一个严重的问题，因为在高原地区岸边树木稀疏，其影响较小。但是在植被茂盛的热带地区，大部分水面就会被水陆过渡带的树木和灌木丛遮盖。

为了评估河岸带植被对水面宽度卫星反演的影响，进而分析其对模型率定的影响，本章节将对比四个具有不同程度观测误差的河流水面宽度数据集率定模型的实验结果。实验 I 就是上述提到的使用原始卫星图像中提取到的四个河宽值进行的模型率定，将其视为基线率定。在实验 II 中，我们假设四个河宽数据集中的第二大数值（在 2009 年 6 月 16 日观测）对应的水面区域以外区域被植被覆盖，被植被覆盖范围内的水面变化无法被卫星图像检测到，将从卫星观测得到的最大河流水面宽度设置为第二大数值。在实验Ⅲ中，我们假设四个河宽数据集中第三大数值（在 2009 年 10 月 25 日观测）对应的水面区域以外的区域被植被覆盖，河流宽度最大和第二大数值都设置为数据集中的第三大数值。在实验Ⅳ中，我们假设四个河宽数据集中最小值（在 2010 年 3 月 19 日观测）对应的水面区域以外的区域都被植被覆盖，所有河宽值都被设为最小值。基于上述设计，这四个实验中所用到的率定数据见表 7.3。通过对比四次实验经率定后模型在 2009—2011 年间流量模拟效果来分析观测误差的影响。

表 7.3　　　　　　　　率定实验所使用的河流水面宽度数据　　　　　　单位：m

图像日期	实验Ⅰ	实验Ⅱ	实验Ⅲ	实验Ⅳ
2009 - 06 - 16	147.58	147.58	127.02	97.42
2009 - 08 - 06	176.68	147.58	127.02	97.42
2009 - 10 - 25	127.02	127.02	127.02	97.42
2010 - 03 - 19	97.42	97.42	97.42	97.42

7.2.3　降低水文模型模拟不确定性方法论证

7.2.3.1　使用更窄的水力几何关系参数先验取值范围

表 7.2 中参数 a 和 b 的先验取值范围较大，具有全球普适性。只对具体流域，如果能获取到河道的水力学特征信息，可将 a 和 b 的先验取值范围缩小，从而能更有效地在自动率定过程中搜到反映流域特征的参数值，也可能降低率定使用遥感数据所带来的额外模拟不确定性。为了验证上述假说，将从卫星观测中观测到的河流水面宽度和实测流量回归分析中获得的 a 和 b 数值（$a = 30.684$；$b = 0.2583$）的 50% 和 150% 作为先验取值范围的上限和下限，a 的范围是 15.342~46.026，b 的范围是 0.1292~0.3875。该取值范围比表 7.2 中的要更加狭窄，在将其用于基于 GLUE 的率定过程并评估其对参数率定结果的影响。

7.2.3.2　使用水文特征信息来减少不确定性

在国际水文科学协会发起"无资料流域预测"（Predition in Ungauaged Basin）科学十年计划结束后，许多研究得到了一个共识：除了连续流量时间序列数据以外，其他流量过程相关的软性水文信息可辅助流域水文模型的率定（Hrachowitz et al.，2013）。基于上述认识，本章也将论证在使用所提出的遥感数据率定模型后，使用软性水文信息进一步筛选有效参数值，进而降低模拟不确定性的可能性。在缺资料流域中，流域出口河段是否发生断流是能够通过实地考察或者访问当地居民获取的水文信息，或者可通过当地气象水文特征进行人为判断，该信息具有进一步筛选有效参数组的可能性。另一个具有潜力的水文软性信息是年径流比，也就是流域年径流量与年降雨量的比值。一些研究表明缺资料流域的年径流比比值可用区域化方法通过有资料流域的信息进行推导（Berger et al.，2001；Spate et al.，2004；Kult et al.，2014）。通过甘孜站 2009—2011 年流量数据和流域降水观测数据和流量数据进行计算，该时段内年降雨径流比为 0.377。本研究将该年降雨径流比值的 ±30% 作为其不确定性的上下限，来筛选符合该条件的有效参数组，进而分析使用该软性信息约束模型模拟的效果。

7.3 参数率定有效性评估

7.3.1 模型模拟效果和参数后验分布

随机生成的十万组参数中有 1177 组达到了似然函数的阈值，被视为优秀参数组。图 7.3 显示了模拟期内河流水面宽度模拟不确定性带随时间变化的情况。其变化周期与降水的年内周期性变化一致。四个卫星观测的河流水面宽度值均在不确定性带内或与之接近。图 7.4 显示了使用遥感数据率定模型后的参数后验分布。在 7 个参数中，K_s，a 和 b 对率定数据较为敏感。

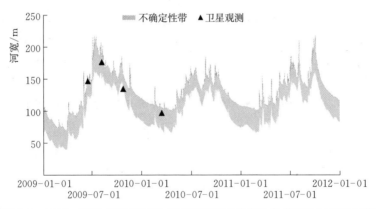

图 7.3　2009—2011 年模拟河流水面宽度的不确定性条带以及卫星观测值

将 1177 组优秀参数应用至 HYMOD 水文模型进行 2009—2011 年流量集合模拟。每个时间步长内模拟流量 50% 分位数所组成的模拟流量时间序列对应的纳什效率系数为 64.3%，且与实测流量时间变化特征较为吻合，如图 7.5 所示。该结果与之前使用 SWAT（Soil 和 Water Assessment Tool）模型在本流域基于 1 年的日流量数据率定后的结果相似。为了进一步验证参数率定效果，将 1177 组优秀参数应用于 2001—2008 年流量估算，该时间段与率定期不重叠，能够更加有力地验证参数率定的效果。模拟流量 50% 分位数对应的纳什效率系数为 55.8%。图 7.6 为该时段内模拟及观测的水文过程曲线，可以看出模拟能很好地再现流量变化的时间和幅度。

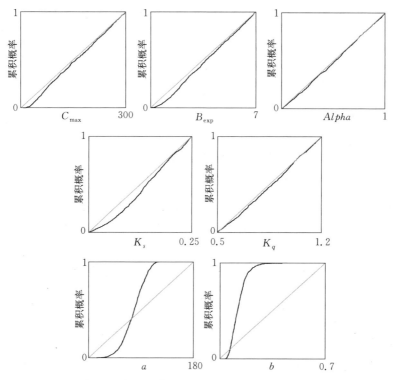

图 7.4　在使用遥感观测值（黑线）的情况下模型参数的后验分布

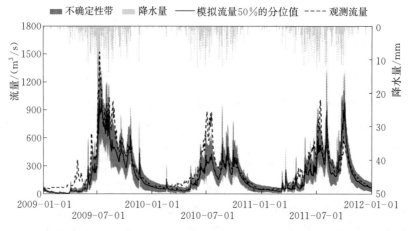

图 7.5　基于卫星观测率定得到的优秀参数组 2009—2011 年集合流量模拟结果

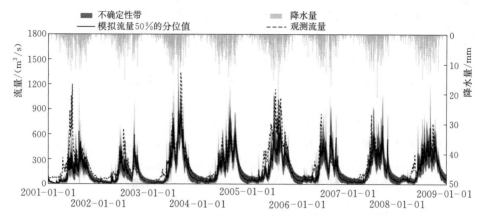

图 7.6　基于卫星观测率定得到的优秀参数组 2001—2008 年集合流量模拟结果

为了显示经遥感数据率定后的模型相比于未率定的模型性能改进程度，将随机生成的所有的十万组参数应用于模型验证期（2001—2008 年）流量估算。所有参数组的似然值相同，意味着没有任何观测对十万组参数进行筛选，因此模型可视为未经率定。使用十万组参数集合模拟流量的 50％分位值的纳什效率系数为 12％。而基于遥感数据率定后的模型模拟结果的纳什效率系数为 55.8％，模型模拟效率提升了 43.8％。与此同时，使用 2009—2011 年的实测日流量数据对 HYMOD 进行率定，在 2001—2008 年进行流量模拟验证。使用模拟效果最好的 1177 个参数组进行集合模拟（与基于遥感数据率定所识别出的优秀参数组数量一致）。2009—2011 年期间及 2001—2008 年期间模拟流量 50％分位值纳什效率系数分别为 81.7％和 63.5％。综上所述，使用遥感数据率定河宽的效果大幅优于未经率定的模型，但是模拟精度低于使用实测流量数据率定的效果。

7.3.2　对未来缺资料地区研究的启示

模拟河宽随时间变化趋势与降水一致，水力几何关系参数 a 和 b 对率定数据较为敏感的现象与在湄公河巴色地区研究类似，从侧面反映所提出率定方法是有效的。从流量模拟结果来看，纳什效率系数在率定期为 64.3％，在验证期为 55.8％，基于 Moriasi et al.（2007）对于模型模拟结果评价等级的划定，在率定期和验证期的模拟效果均较好。但是，相比使用实测流量数据进行率定，使用遥感数据时率定和验证时期的纳什效率系数有所降低，模型性能验证期降低了 7.7％（从 63.5％到 55.8％），率定期降低了 17.4％（从 81.7％到64.3％）。该现象说明从高分辨率卫星图像中提取的河流水面宽度信息量低于流量数据时间序列，因此该方法仅适用于无任何实地观测流量数据的缺资料流域。

　　上述研究结果有力表明在河道宽度为百米级别的流域，使用高精度卫星图像提取河流水面宽度信息具有率定水文模型的潜力。但是，同样需要注意的是该方法只适用于河宽变化对流量变化敏感的河段。同时上述结果也表明了SWOT（Surface Water 和 Ocean Topography）卫星观测的潜力（Durand et al.，2010）。未来SWOT卫星在全球同时观测河宽在50～100m间河流的水面高程及洪水淹没范围（Durand et al.，2010；Pavelsky et al.，2014），从而使得使用河流水面宽度与高程观测同时率定水文模型变得可能。Sichangi 等（2016）指出，同时使用卫星观测的河流水面宽度和水量高程数据估测流量比使用单一类型数据观测的效果要好。

7.4　河岸带植被对参数率定结果的影响

7.4.1　不同程度观测误差对应的流量模拟结果

　　从实验Ⅰ到实验Ⅳ由于河岸带植被冠层导致的卫星观测误差在加大。与此相对应，表7.4显示对应四次模型率定识别出的优秀参数组及其似然函数值的最大值在增加，说明模型重现具有误差卫星观测的能力在提升。然而，集合模拟流量50％分位值的纳什效率系数和所有优秀参数组的平均纳什效率系数降低，表明经过率定后模型的流量模拟精度下降。

表7.4　　　　　　　　　　　　四个率定实验的率定结果

参　　数	实验 Ⅰ	实验 Ⅱ	实验 Ⅲ	实验 Ⅳ
优秀参数组数量	1177	2338	3012	2381
最大似然值	0.077	0.150	0.745	0.679
平均似然值	0.058	0.068	0.092	0.090
模拟流量50％分位数的纳什效率系数	64.3％	61.0％	59.6％	47.6％
平均纳什效率系数	47.4％	44.2％	36.4％	31.7％

　　图7.7为每个优秀参数组似然值及其模拟流量纳什效率系数散点图。本研究所提出率定方法成功的一个前提是优秀参数组的似然值和流量模拟的纳什效率系数之间呈现正相关关系。四次试验对应的散点图显示，随着卫星观测误差的增加，两者间的正相关关系会减弱，产生较差流量估测结果的参数组数量会增加，表明卫星观测数据的水文模型参数率定能力在降低。

　　同时也分析了四次数值实验对应的参数后验分布，如图7.8所示。对于5个HYMOD模型参数，由于水文模拟的异参同效性，每个参数的优秀参数值涵

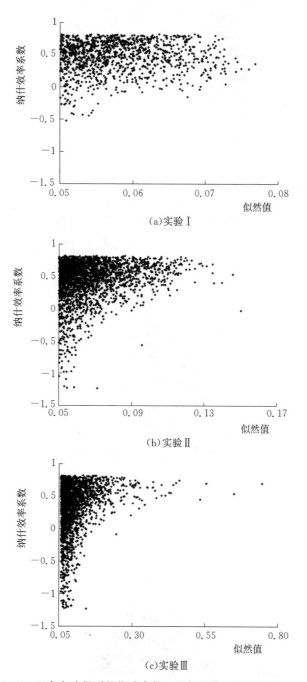

（a）实验Ⅰ

（b）实验Ⅱ

（c）实验Ⅲ

图 7.7（一） 四个实验得到的优秀参数组的似然值和纳什效率系数散点图

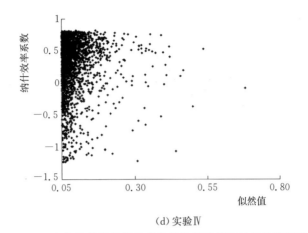

(d) 实验Ⅳ

图 7.7（二）　四个实验得到的优秀参数组的似然值和纳什效率系数散点图

盖了其先验取值范围。而参数 a 和 b 的后验分布均为单峰分布，随着误差的增大，b 的峰值向区间的上限移动，但 a 的峰值没有出现这种变化。

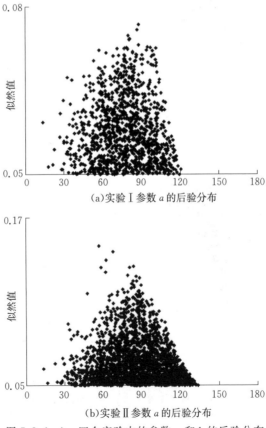

(a)实验Ⅰ参数 a 的后验分布

(b)实验Ⅱ参数 a 的后验分布

图 7.8（一）　四个实验中的参数 a 和 b 的后验分布

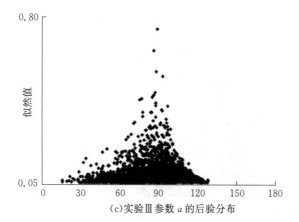

(c)实验Ⅲ参数 a 的后验分布

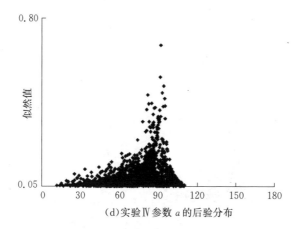

(d)实验Ⅳ参数 a 的后验分布

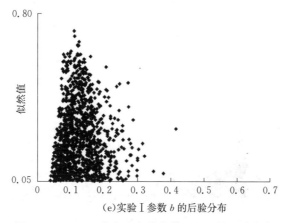

(e)实验Ⅰ参数 b 的后验分布

图 7.8（二） 四个实验中的参数 a 和 b 的后验分布

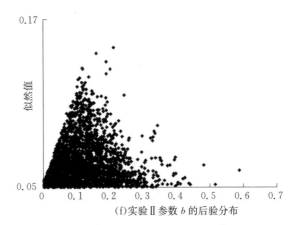

(f)实验Ⅱ参数 b 的后验分布

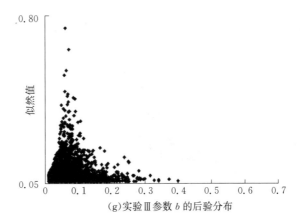

(g)实验Ⅲ参数 b 的后验分布

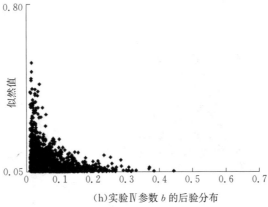

(h)实验Ⅳ参数 b 的后验分布

图 7.8（三）　四个实验中的参数 a 和 b 的后验分布

7.4.2 卫星观测误差对模型系统的影响途径

上述结果显示随着设计误差的增加，率定后的模型对于流量模拟的性能变差。基于 Moriasi et al. (2007) 提出的标准来看，实验Ⅳ对应模拟流量 50% 分位值的纳什效率系数未达到作为优秀模拟效果的要求。但是，模型模拟性能恶化的程度并未像预想的那么严重，这与 Getirana (2010)、Liu et al. (2015) 及 Sun et al. (2012) 基于雷达测高计获得的水位率定模型的研究结果是相似的，这些研究表明模型观测误差对流量模拟精度的影响并不严重。图 7.7 显示在实验Ⅰ中，许多优秀参数组对应模拟流量的纳什效率系数较为令人满意，同时也有一些流量模拟效果不太好的参数组也被识别成优秀参数组。该现象是可以理解的，因为在率定期间，评价参数组优劣只基于其再现四个卫星观测值的性能，没有用到流量信息来约束模型运行。因此，一些不能够精确地模拟流量但是能够精确地再现河宽的参数组就被识别为优秀参数组。当误差增加时，在优秀参数组中无法精确再现模拟流量的参数组在增加，而那些同时能够较为精确估算河流水面宽度和流量的参数组也包含在优秀参数组集合中，该现象是植被冠层的存在导致的测量误差对流量模拟精度的影响比预期要弱的原因之一。

水文模型参数自动率定方法，包括遗传算法以及本研究中使用的 GLUE 方法，将率定过程处理为搜寻参数空间不断优化目标函数值的数学过程 (Freer et al., 1996)。由于植被冠层的存在，卫星观测低估了河流水面面积，进而低估了河流水面宽度。因此，实验Ⅱ～实验Ⅳ中识别出的优秀参数组过度拟合了目标函数，低估了实际河流水面宽度。在 GLUE 参数优化过程中，参数值会不断进行调整使似然函数值达到最大。以实验Ⅳ这一反映误差程度最大的极端案例为例，用于率定模型的四个观测值都被设计成四个卫星观测值中最小的数值，这意味着河流水面宽度的变化对径流量变化不敏感。GLUE 所识别出的有效参数组则反映出了这种设计误差：参数 b 的最大似然值接近于 0，b 越接近 0，河流水面宽度对径流量的变化越不敏感。换句话说，通过率定获得的参数 b 的数值能使其对应的似然函数值达到最大。这也揭示了当误差程度相对较小时，模型性能恶化的程度不如预想的那么大，其原因是误差的影响被参数 b 的数值调整所抵消。但是，实验Ⅳ中所获得的参数 b 的后验分布，未反应甘孜地区河流水力学特征的实际情况，表明该参数组对应的河道水面宽度模拟结果对卫星观测是过度拟合的，这种在率定过程中参数 b 数值不符合实际的调整，是由于较为宽泛的先验取值范围所造成的。

7.5　进一步降低模拟不确定性的可能性

7.5.1　使用更狭窄模型参数先验取值范围降低模拟不确定性

使用基于实测数据回归分析得到的 a 和 b 在较为狭窄的先验取值范围开展模型率定，在随机生成的十万组参数中，有 1245 组参数达到似然函数阈值。与此相对应，在 2009—2011 年期间，模拟流量 50% 分位值的纳什效率系数和所有优秀参数组的平均纳什效率系数分别为 69.6% 和 53.8%，表明流量模拟性能在使用较窄的先验参数取值范围后得到了改善。图 7.9 是通过该率定获得的优秀参数组的似然值和纳什效率系数散点图。相较于基准率定来看，大部分优秀参数组的纳什效率系数都接近其最大值。图 7.10 展示了参数 a 和 b 的后验分布，相较于基于原始较为宽泛的先验取值范围的率定，参数后验分布更接

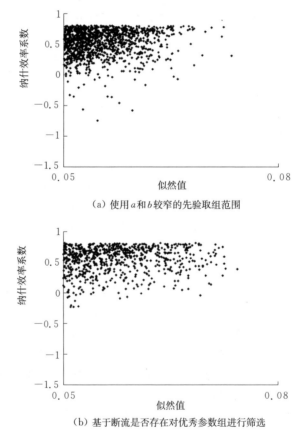

(a) 使用 a 和 b 较窄的先验取组范围

(b) 基于断流是否存在对优秀参数组进行筛选

图 7.9（一）　使用不同方式获取的优秀参数集率定模型后似然值和纳什效率系数散点图

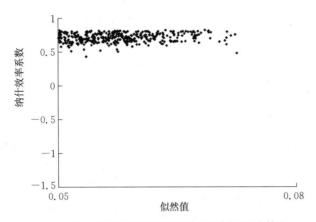

（c）进一步使用降雨径流比范围对优秀参数组进行筛选

图 7.9（二） 使用不同方式获取的优秀参数集率定模型后似然值和纳什效率系数散点图

近于均匀分布。参数 a 的许多值都接近于其先验取值范围的上限，表明先验取值范围对参数 a 有强烈的约束作用。

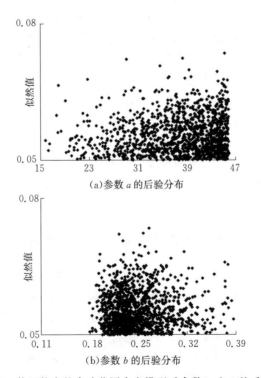

图 7.10 使用较窄的先验范围率定模型后参数 a 和 b 的后验分布

成功率定模型的标准之一是经过率定后的模型模拟结果要与实际情况相符（Gupta et al.，2005）。使用 GLUE 率定时有一个重要的假设是，所有似然函数值达到阈值的参数组被认为能够较好地反映流域水文循环特征。但实际情况可能是，所识别出的优秀参数组不一定能反映流域实际情况，因为率定数据可能并未对参数空间具有足够的约束作用（Blazkova et al.，2002）。当使用卫星观测数据率定模型时同样如此，因为遥感数据包含的对于率定模型有效的信息少于流量数据。水力几何关系是将率定目标从流量转变为河宽的关键。模型的结构、参数和数据都会影响模型模拟不确定性。上述结果显示，更加狭窄进而更为合理的 a 和 b 先验取值有效地减少了与转变率定目标相关的模拟不确定性。

　　对于本研究提出的方法在缺资料地区的实际应用，有几个可能的方法来获取比普适先验取值范围更为合理的参数 a 和 b 取值范围。Dingman（2007）使用经概化的断面形状信息和水力学关系推导出 a 与 b 的物理表达公式，参数 b 与断面形状和深度指数有关，而对于参数 a，除了上述两个因素以外，还与河道粗糙度与坡度有关，河道断面形状的数学描述可从遥感观测反演的 DEM 产品中获得，例如从 LiDAR 中反演（Legleiter，2012）或是高精度立体像对中获取（Aguilar et al.，2013），河道坡度也可以从 DEM 中估算。结合对其他要素的合理假设，可以有效缩减水力几何关系参数的先验取值范围。河道断面形状是决定流量和河宽/水位之间关系的关键因素。在河流断面形状可获取的情况下，建议使用具有比水力几何关系有更强物理基础的数学关系，例如 Liu et al.（2015）的研究。对于具有物理基础的水力学关系，设定其参数合理的先验取值范围会比水力几何关系中的经验参数更加容易。使用多点水力几何关系（at-many-station hydraulic gemoetry）提供了另一种可能的方法（Gleason et al.，2014）。通过对河流水面宽度的重复卫星图像观测来估计参数值，该方法将水力几何关系中参数数量减少到一个。该方法对应用于没有任何地面观测的无资料流域亦具有可行性。

7.5.2　使用软性水文特征信息降低模拟不确定性

　　从基准率定识别的 1177 个优秀参数组中移除模拟流量值存在 0 值的参数组，优秀参数组的数量减少到 743，平均纳什效率系数从 47.4% 提高到 54.5%。图 7.9 显示了剩余的优秀参数组似然值和纳什效率系数散点图。相较于基准率定（图 7.7），可以看出被从优秀参数组中移除的那些参数组是在具有相同的似然值的参数组中模拟流量较差或相对较差的参数组。接下来，基于各参数组对应的模拟流量计算出的径流比是否在预先规定的范围内进一步进行参数组筛选。通过上述筛选，优秀参数组的数量进一步减少到 373。这些参数组的平均纳什效率系数大幅提高至 70.9%。此外，对应的似然函数值和纳什效率系数的散点图也发生了显著的变化。如图 7.9（c）所示，所有参数组的纳什效率系数均大于 43%，似然函数值和纳什效率系数之间的相关性更强。图 7.11 和图 7.12 分别显示了率定和验证期流量模拟结果，其模拟流量 50% 分位值的纳什效率系数分别达到了 79.1% 和 65.5%，表明经率定后的模型性能得到了进一步改善。与此同时，经上述软性水文特征信息对有效参数组进行进一步筛选后，不确定条性带变得更窄，表明模拟不确定性被有效降低。

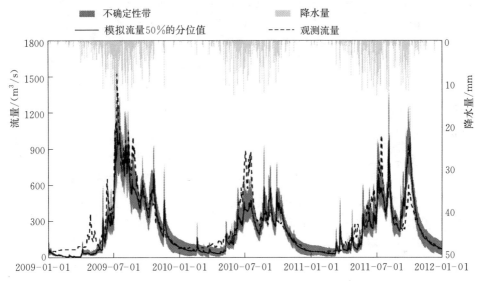

图 7.11　使用卫星观测率定以及基于断流情况和降雨径流比筛选之后的
优秀参数组 2009—2011 年流量集合模拟结果

在使用卫星观测率定模型之后，使用软性水文特征信息进一步筛选模型参数，模拟的不确定性显著减小，且比通过更新水力几何关系参数先验取值范围的效果更明显。这与 Yadav et al.（2007）的发现相一致，该研究使用区域化方法从有观测资料流域获取径流比来约束无资料流域的模型预测，得到了较好的流量模拟效果。在无资料流域中，水文特征信息的可获取性和准确度都非常不确定。直接使用量化每个参数组重现软性水文要素特征信息的目标函数来筛选优秀参数组较为困难。确定水文特征变量数值的不确定性边界，然后根据每组参数对应的模拟流量所计算的水文特征变量数值是否位于不确定边界内，正如本研究所采取的方法，是在缺资料流域具有可行性的一种方法。

许多研究表明，除了河道流量以外，使用水文循环过程中的其他状态变量的卫星观测能够有效降低模型模拟的异参同效性。但是，这些数据对径流模拟不确定性的减少效果不会像与径流相关的信息那么显著。尽管如此，仍然可认

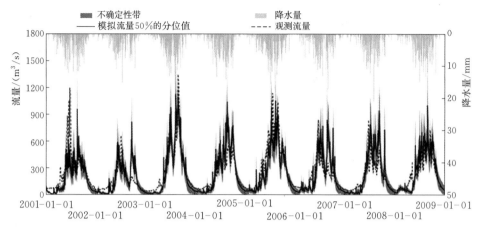

图 7.12　使用卫星观测率定以及基于断流情况和降雨径流比筛选之后的
优秀参数组 2001—2008 年流量集合模拟结果

为将这些遥感数据用于水文模型率定具有价值，因为参数值应反映流域水文循环特征的实际情况，尤其是率定后的模型将用于评价扰动因素（人类活动或气候变化）对水资源的影响。然而，使用多个水文变量的卫星观测值来有效率定水文模型难度非常大，这是因为遥感数据误差不可忽略，并且不同种类的观测数据在识别模型参数时的效果不同。未来研究应进一步探索在模型率定中如何有效结合不同来源的观测数据。

第 8 章 在缺资料流域的应用展望

上述在湄公河流域、密西西比河流域和雅砻江流域的研究说明本研究提出的率定方法能够获得反映流域水文循环特征的模型参数,与实测流量对比显示模拟流量具有较高的精度。本章通过一个在完全无任何地面观测流域的实例研究,说明在实际工程实践中应用本方法所面临的困难以及可能的解决方案,最后介绍该方法的应用潜力及在缺资料地区面临的挑战。

8.1 所提出率定方法的适用范围

作为在无法获得实测径流量情况下的一种权宜之计,通过卫星数据反演的河道流量难以达到实地观测的精度,因而不能作为一种取代实地流量观测的策略。基于遥感的径流量估算方法的优势在于它可以远程对无法到达的遥远地区进行观测或者对径流量变化的空间分布进行追踪。本研究所提出的水文模型率定方法的适用范围如下:

(1)本方法只适用于无法获得实测流量数据的流域。

(2)流域出口河道的水面宽度或高程变化可以通过遥感进行观测。当前分辨率为分米级别的遥感影像已经可以较为容易地获取,可以用于追踪中小河流水面宽度的变化。然而当前在轨的雷达测高计观测受到传感器设计限制只能用于反演宽度在公里级别河道的水面高程。未来 SWOT 观测将实现对宽度为百米级别河道水面高程的观测,将极大提高卫星水面高程观测的空间覆盖范围。

(3)流域出口河段水流应是未受到任何自然或人为限制的明渠流。应用水力几何关系进行流量和卫星观测之间转换关系时,河道横断面形状随高程不应有较大突变。

(4)能够获取到流域水文模型建模所需输入数据。一般来讲,气象数据的可获取性要高于流量数据。即便实测气象数据无法得到,当前基于卫星观测的遥感气象数据产品也基本上能够满足水文模型建模需要。

8.2　一个缺资料流域应用实例

8.2.1　伊洛瓦底江流域简介及卫星观测

伊洛瓦底江是缅甸最大的河流和最重要的商业航道，发源于我国境内察隅附近（我国云南境内称之为独龙江），自缅甸北部流向南部，于伊洛瓦底江三角洲流入印度洋。其河流长度约 2170km，流域面积约 41.1 万 km²（Chavoshian et al.，2007）。上游地区为亚热带湿润气候，下游地区为热带湿润气候。流域受南亚夏季风支配，5—10 月间降水量大。

由于较高的生物多样性及生态系统脆弱性，该流域被认为是世界上 30 个高优先级流域之一（World Conservation Monitoring Center，1998）。缅甸政府规划在伊洛瓦底江建造梯级水电站，有国际环境组织表达了对规划大坝生态和社会影响的担忧（Kachin Environment Organization，2008）。目前流域内缺乏公开的河流日径流量数据信息。

卑谬（Pyay 或 Prome）位于缅甸首都仰光西北方向 260km 处。本研究将在伊洛瓦底江卑谬以上流域开展降雨径流过程模拟。卑谬的水文站位于 18.80°N，95.22°W。该站公开的流量数据为 10 年平均每月径流量数据。本研究将通过所提出的率定方法估算其日流量数据时间序列。

使用 1995—1997 年期间的 6 景 JERS-1—SAR 图像提取卑谬地区的河流宽度，采用与湄公河实例同样的方法反演河流水面宽度。图 8.1 显示了卑谬地区河道情况、水文站与卫星反演河道区域的范围。

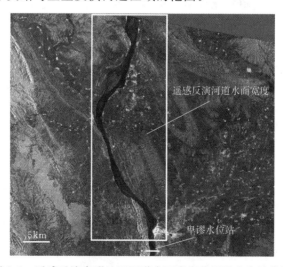

图 8.1　遥感反演卑谬地区河道水面宽度范围及水文站位置

表 8.1 为从卫星影像中提取的河流水面宽度，从 980.9m 到 1621.8m 不等。仅靠卫星反演河道水面宽度数据，无法判断表 8.1 中观测最小值是否对应枯水期，最大值是否对应汛期，尚无法断定仅从六条水面宽度数据能否追踪到河道径流量的变化，故使用降水数据推断卫星观测所对应水期。使用 APH-RODITE（Asian Precipitation Highly Resolved Observational Data Integration Towards the Evaluation of Water Resources）日降水产品（Yatagai et al.，2009）获取 1995—1997 年期间的研究区每日降水量，并与卫星观测的河流水面宽度一起展示于图 8.2 中。由图 8.2 可以看出卑谬上游地区有明显的枯水期和丰水期的区别。根据降水量时间序列，可基本确定卑谬地区各条河流水面宽度观测日期所对应的水期。表 8.1 显示，基本上卫星河流宽度观测日期涵盖了枯水期和汛期各时期。与之前湄公河流域研究对比显示，伊洛瓦底江研究区降水时序变化特征类似于湄公河流域。相应地，卑谬地区流量变化也应与巴色地区河流流量变化类似，具有相对平滑变化特征的流量过程线。根据湄公河流域研究经验推断，每年两次卫星河流水面宽度观测具有探明径流量变化特征的可能性。

表 8.1 卫星观测卑谬地区河流水面宽度

日 期	河宽/m	时 期
1995 - 03 - 01	1061.0	枯水期的末期
1995 - 04 - 14	980.9	汛期的初期
1996 - 01 - 03	1204.8	枯水期的中期
1996 - 08 - 10	1621.8	汛期的中期
1997 - 02 - 02	1018.1	枯水期的中期
1997 - 10 - 24	1386.2	汛期的末期

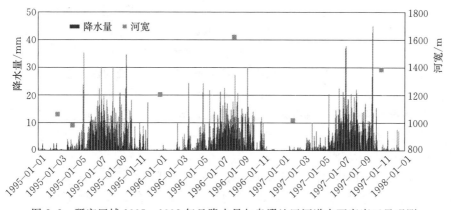

图 8.2 研究区域 1995—1998 年日降水量与卑谬地区河道水面宽度卫星观测

8.2.2　流域水文模型设置与率定

采用 HYMOD 水文模型对河道流量进行估算。对应卫星于 1995—1997 年的观测，使用 GLUE 进行此期间模型的率定。驱动 HYMOD 气象数据为 APHRODITE 日降水栅格数据产品，潜在蒸散发为 Ahn et al.（1994）全球栅格数据集。整个研究区域被划分为 6 个子流域，每个子流域范围内潜在蒸散和降水的平均值被用作子流域的输入。表 8.2 所列的是 7 个需要率定的参数，其中 5 个 HYMOD 模型参数，a 和 b 为水力几何关系参数。之前研究显示，a 和 b 分别预计有单个最优值，因此需要设置较窄的先验取值范围宽度且要包括最优值，以便从随机样本中识别有效参数集。Dingman（2007）指出 b 主要是根据河流横截面的形状来确定，形状越接近矩形，b 则越接近 0，许多研究通过回归计算发现，b 的取值范围一般为 0.015（Sun et al.，2009）到 0.26（Leopold et al.，1953）。卫星观测到的河流宽度变化范围（640.9m）约为表 8.1 中最小值的 65%，与湄公河巴色地区相比，河流宽度变化幅度更大，因此预计的幂指数关系中指数 b 的先验取值范围中值要高于巴色地区。决定 a 的因素更复杂，除了横截面形状，a 还取决于河流大小、导水率和比降，从理论上讲 a 可以取值 0 到正无穷。根据 Dingman（2007）的分析，a 通常小于河流满岸宽度的 80%，本研究中从 JERS1 影像反演的最大河流宽度为汛期中期的 1621.8m，并预计整个河流水面最大宽度应略大于 1621.8m，以此作为 a 的先验取值范围的上边界。

表 8.2　　　　　　　　　水文模型与水力几何关系参数先验取值范围

C_{max}	B_{exp}	$Alpha$	K_s	K_q	a	b
1~500	0~2	0~1	0.001~0.5	0.5~1.2	200~1800	0.03~0.17

基于上述先验取值范围采用拉丁超立方采样方法随机生成 50000 组参数，使用 $RMSE$ 的倒数作为似然函数。似然函数的阈值决定随机生成的参数组被识别为优秀参数组的数量及其集合模拟不确定带的宽度。设置过低阈值存在一定风险，使得某些不能合理再现率定数据的参数组被识别为优秀参数组，进而使得不确定带太宽而无法有效支持管理决策。同时，不合理的高阈值可能使不确定带太窄而无法覆盖所有观测值。理想的情况是不确定带应包含所有观测值，且其宽度尽可能窄。基于这一原则，通过试错法测试最终确定阈值为 0.008（相应的 $RMSE$ 为 125m）。

在随机生成的 50000 组参数中，有 997 组达到阈值标准，被识别为优秀参数组。图 8.3 显示 1995—1997 年河流水面宽度的集合模拟不确定性区间，涵盖了所有 6 个卫星观测值。将 977 组参数应用于 HYMOD 水文模型进行集合流量估算。

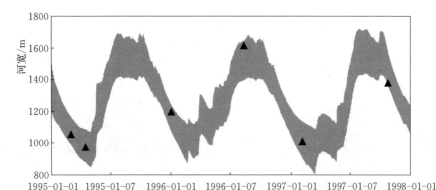

图 8.3 1995—1997 年河流水面宽度集合模拟（灰色条带）与卫星观测值（黑色三角）

8.2.3 模拟结果分析与讨论

图 8.4 显示了 1995—1997 年的径流量估算值，即集合模拟 50％分位数的时间序列，灰色条带为径流量模拟的不确定带。此结果印证了之前卑谬地区河道流量过程变化平缓且具有周期性规律这一推断。图 8.5 所示，$Q-W_e$ 关系中的 a 和 b 已受到率定数据的强烈约束，这两个参数后验分布呈现出单峰分布特征，这与湄公河流域研究结果类似。同时，在先验分布边缘没有具有高似然函数值的参数组分布，表明这两个水力学参数的先验取值范围是合理的。似然函数最大值对应参数 b 的数值大于湄公河巴色地区的数值，这与

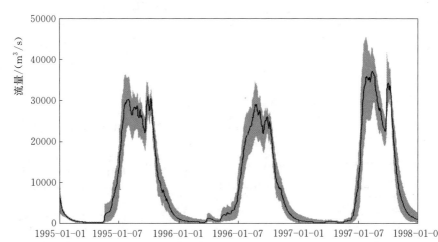

图 8.4 1995—1997 年集合模拟流量的不确定性条带与 50％分位数的时间序列

卑谬地区河流水面宽度变化范围大于湄公河巴色地区河道水面宽度变幅的事实一致。

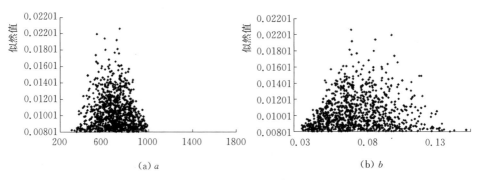

(a) *a*　　　　　　　　　　　　(b) *b*

图 8.5　水力几何关系参数后验分布

目前仅有的流量数据是 1971—1980 年 10 年的月均径流量，本研究也评估了经遥感数据率定后模型对上述实测流量数据的重现能力。使用 997 个优秀参数组在该十年时期内进行流量集合模拟，图 8.6 日径流量集合模拟结果。图 8.7 显示了观测数据与模型模拟的 10 年间月均径流量的不确定带。在模拟月流量 50％分位数的纳什效率系数为 95.7％。集合模拟径流量的不确定带可将大部分非枯水期实测径流量包含在内且模拟值变化趋势与幅度与观测值基本类似。然而，模型模拟倾向于低估枯水期的径流量，与 Chavoshian（2007）的结果较为类似。Chavoshian（2007）推测造成这种低估的原因可能是模型在概化流域山区融雪过程上的不足以及水坝调蓄的影响。在流域水文模型模拟过程中，参数值不随时间发生变化。流域产流机制的时变性也是模型对枯水期模拟

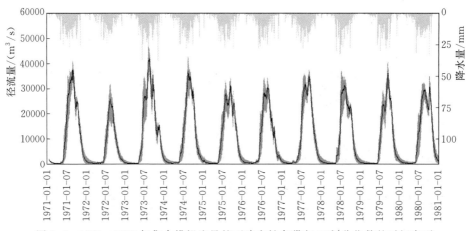

图 8.6　1971—1980 年集合模拟流量的不确定性条带与 50％分位数的时间序列

性能相对较差的潜在原因之一。总体上讲，在 1971—1980 年估算的日径流量时间序列数据基本上能够反映了卑谬地区河道流量变化特征。

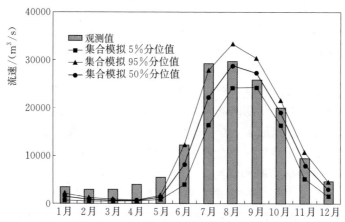

图 8.7 10 年平均（1971—1980 年）月平均流量模拟值与观测值对比

8.2.4 实际应用所面临的挑战

无论是遥感观测的河流水面宽度还是水面高程，都无法直接估算卫星观测时刻河道流量的绝对数值。在本研究所提出的方法中，卫星观测用于对模型模拟进行约束，进而筛选出能够反映出所模拟流域特征的模型参数值。通过在伊拉瓦底江这一无法获取到日观测流量数据流域的应用结果，我们梳理了该方法在缺资料地区实际应用所面临的挑战以及基于当前对模型和遥感数据的认识采取的可能的解决方案。

对参数自动率定算法，需要建模者基于自己的主观认识进行一定的设置后方可运行。比如在使用 GLUE 方法时，需要选择合适的似然函数及其阈值。无论对于哪种方法，设置合理的模型参数先验取值范围至关重要。这对于描述流量和卫星观测之间水力学关系中的参数尤其困难。湄公河实例研究显示，融入河流断面形状等其他有关河道的信息能够提高水力学关系的物理基础，使得关系中的参数变得可测量或可通过以往经验进行预估，能够有效降低设置参数先验取值范围的难度。但是对于完全无任何地面观测的区域，水力几何关系仍然是第一选择。与水文模型参数不同，水力几何关系中的经验参数理论上具有单一最优值，因此需要其先验取值范围涵盖最优值且宽度较窄以降低模拟不确定性。Dingman（2007）给出了 a 和 b 的解析解，表明它们是河流横截面形状和平滩特征的函数。在伊洛瓦底江流域实例研究中，根据遥感观测到的河流水面宽度的变化推断出横截面形状和平滩河宽，可以在一定程度上合理缩窄上述参数的先验取值范围。对于如何合理设置似然函数的阈值，通过反复试错，选择能够涵盖所有卫星观测且不确定性条带较窄的阈值是一个合理的做法。

如何评估对无资料流域估算的日径流量的可靠性，即所掌握的卫星观测能够有效识别流域水文循环特征？与需要至少 1 年的日径流量数据的传统率定相比，本研究中用于率定的卫星观测资料数量极低。湄公河流域实例研究显示，较大的流域面积和丰枯交替明显使老挝巴色的流量过程线每年呈现平滑变化的特点，每年仅用两次观测数据来率定水文模型可以可靠地估算出河流径流量。从降水数据的时间分布来看，在伊洛瓦底江流域所关注的河段也具有相似的特征。因此，我们推断 3 年期间的 6 次观测可能包含足够信息用于率定模型。在实测流量信息缺乏的情况下，根据降水数据判断流量过程变化特征，进而推测卫星观测数量是否足够是一个有效手段。同时为有效地约束模型行为，我们推荐在率定期内每个枯水期和汛期中至少需要各获取一次卫星观测。Seibert et al.（2009）指出，当率定数据的数量很少时，率定结果对于率定用数据的观测时间更加敏感，虽然在率定中要尽可能使用更多的卫星观测数据提升有效信息量，但是在枯水期和汛期需要保持大致相等的观测数量。所估算径流量的可靠性也可以通过间接信息来评估，在伊洛瓦底江和湄公河流域，水力参数显示出具单峰的后验分布。因此，我们推荐该现象可以被认为是模型参数得到有效率定的表征之一。

本研究的方法依赖于有效追踪河流水面宽度或高程变化的卫星观测数量。当前丰富的可见光影像为提取河流水面宽度提供了大量遥感影像，可提供具有较高时、空分辨率的观测。但是对于汛期，由于云层的存在，可用于提取水面宽度遥感影像数量低于枯水期，可以穿透云层的 SAR 影像是一个有效的补充。对于中小河流，当预算充足时选择米级商业卫星数据可有效追踪水面宽度变化。然而这些商业卫星发射于本世纪初，无法追踪到人类活动强度逐渐增大的上世纪末期的流量变化。针对这种情况，Landsat 系列卫星具有一定优势，它可以提供自上个世纪 70 年代开始近 50 年的多光谱地表信息用于反演河流水面宽度。Landsat 系列卫星数据的主要瓶颈是空间分辨率相对较低，通过传统的水域面积提取方法，难以追踪中小河流水面宽度的变化。然而通过混合像元分解方法（Pardo - Pascual et al.，2012；Abileah et al.，2013）可以在亚像素级提取更准确的河流信息。Abileah et al.（2013）表明在一些河流使用混合像元解析算法可将 Landsat 影像分辨率提高至 10m。与水面宽度相比，河流水面高程是一个更加适合估算流量的水力学变量。但是当前雷达测高计观测所覆盖范围有限，限制了卫星观测能够有效率定模型的区域。在类似于 SWOT 卫星的新一代星载雷达测高观测数据可用之前，基于遥感或地面观测的河道断面形状信息，辅以卫星观测的水面宽度来推算河流水面高程对于提高水面高程信息的时空覆盖度具有重要意义。

8.3 未来可能的应用领域

水文模型可以对流域水文循环过程状态变量在时间和空间两个维度进行连续的模拟，但是在缺乏径流量数据率定的情况下，其模拟的精确性难以衡量。遥感水力学信息可对缺乏实测数据河段径流量进行估算，但是遥感观测时间连续性和观测精度低于实地观测。本研究所提出的方法打破仅将遥感观测的河流水力学信息直接用于径流量估算的传统研究模式，而是将其作为径流量的替代信息对水文模型进行率定，约束流域水文模型模拟进而获得反映流域水文循环特征的模型参数值，之后将经过率定的水文模型应用于流量估算。通过该方式克服了水文模型与遥感观测的局限性，将两者的优势进行结合，为解决缺资料地区径流量估算这一水文学科的科学难题提供了一种新思路。该方法未来可能的应用场景如下：

（1）重建 20 世纪 70 年代以来日流量时间序列数据。在许多发展中国家，由于水文观测站点建设受到财力和人力限制，观测所覆盖范围十分有限，流量数据较为匮乏。通过本研究所提出的方法，可对地球观测卫星升空以来全球河流径流量日时间序列进行重现。该项工作尤其是在数据相对缺乏的 20 世纪 70 年代和 80 年代具有重要现实意义，可提供上世纪末经济进入快速发展期之前的水文循环背景信息，将有助于评估人类活动或气候变化对水资源的影响以及为大型水利工程设计提供基础数据。

（2）为跨国界水资源争端的合理解决提供独立支撑数据。随着全球经济发展，世界各国对于水资源的需求持续增加。在气候变化背景下，水资源的时空分布变得更加不均衡。国际河流上下游间的水资源争端频发。在此类跨国争端的解决过程中，水文数据这一关键信息很难在利益冲突各方之间进行共享。本研究所提出的基于遥感观测和水文模型的流量估算方法可提供独立于任何利益相关方的流量信息，从而支撑水资源争端的多方谈判或合理裁决。

（3）提升对于流域水文循环机理空间异质性的认识。传统流域水文模型率定仅针对拟合流域出口断面流量过程曲线的参数进行调整，所得到的参数值其实是反映了流域的空间平均状况。基于本研究提出的率定方法，可以在基于出口断面流量数据率定的基础上，在流域内部选择多个河段基于遥感数据率定模型，从而使通过率定获得的模型参数值能够更加有效地反映流域特征的空间差异，进而提升对流域水文循环机理空间异质性的认识程度。

参 考 文 献

Abileah R, Vignudelli S, Scozzari A, 2013. Mapping shorelines to subpixel accuracy using Landsat imagery [J]. EGUGA: EGU2013 – 9681.

Aguilar M Á, Maria D, Aguilar F J, 2013. Generation and quality assessment of stereo – extracted DSM from GeoEye – 1 and WorldView – 2 imagery [J]. IEEE Transactions on Geoscience and Remote Sensing, 52 (2): 1259 – 1271.

Ahn C H, Tateishi R, 1994. Development of global 30 – minute grid potential evapotranspiration data set [J]. Journal of the Japan Society of Photogrammetry and Remote Sensing, 33 (2): 12 – 21.

Albertson M, Simons D, 1964. Fluid mechanics. In Handbook of applied hydrology. McGraw – Hill, New York.

Alsdorf D E, Rodríguez E, Lettenmaier D P, 2007. Measuring surface water from space [J]. Reviews of Geophysics, 45 (2).

Arcement G J, Schneider V R, 1989. Guide for selecting Manning's roughness coefficients for natural channels and flood plains [J]. US Government Printing Office Washington, DC.

Bastola S, Ishidaira H, Takeuchi K, 2008. Regionalisation of hydrological model parameters under parameter uncertainty: A case study involving TOPMODEL and basins across the globe [J]. Journal of Hydrology, 357 (3 – 4): 188 – 206.

Beck H E, Van D, Vincenzo L, et al. , 2017. Gonzalez Miralles, D. , Martens, B. , De Roo, A. , MSWEP: 3 – hourly 0. 25 global gridded precipitation (1979—2015) by merging gauge, satellite, and reanalysis data [J]. Hydrology and Earth System Sciences, 21 (1): 589 – 615.

Berger K P, Entekhabi D, 2001. Basin hydrologic response relations to distributed physiographic descriptors and climate [J]. Journal of hydrology, 247 (3 – 4): 169 – 182.

Beven K, 1993. Prophecy, reality and uncertainty in distributed hydrological modelling [J]. Advances in water resources, 16 (1): 41 – 51.

Beven K, Binley A, 1992. The future of distributed models: model calibration and uncertainty prediction [J]. Hydrological processes, 6 (3): 279 – 298.

Beven K, Freer J, 2001. Equifinality, data assimilation, and uncertainty estimation in mechanistic modelling of complex environmental systems using the GLUE methodology [J]. Journal of hydrology, 249 (1 – 4): 11 – 29.

Birkett C M, 1998. Contribution of the TOPEX NASA radar altimeter to the global monitoring of large rivers and wetlands [J]. Water Resources Research, 34 (5): 1223 – 1239.

Birkinshaw S, Moore P, Kilsby C, O'donnell G, Hardy A J, Berry P, 2104. Daily discharge estimation at ungauged river sites using remote sensing [J]. Hydrological Processes, 28 (3): 1043 – 1054.

Bjerklie D M, Birkett C M, Jones J W, Carabajal C, Rover J A, Fulton J W, Garambois P A, 2018. Satellite remote sensing estimation of river discharge: Application to the Yukon River Alaska [J]. Journal of hydrology, 561: 1000 – 1018.

Bjerklie D M, Moller D, Smith L C, Dingman S L, 2015. Estimating discharge in rivers using remotely sensed hydraulic information [J]. Journal of hydrology, 309 (1 – 4): 191 – 209.

Blasone R S, Madsen H, Rosbjerg D, 2008. Uncertainty assessment of integrated distributed hydrological models using GLUE with Markov chain Monte Carlo sampling [J]. Journal of Hydrology, 353 (1 – 2): 18 – 32.

Blazkova S, Beven K J, Kulasova A, 2002. On constraining TOPMODEL hydrograph simulations using partial saturated area information [J]. Hydrological Processes, 16 (2): 441 – 458.

Bogning S, Frappart F, Blarel F, Niño F, Mahé G, Bricquet J P, Seyler F, Onguéné R, Etamé J, Paiz M C, 2018. Monitoring water levels and discharges using radar altimetry in an ungauged river basin: The case of the Ogooué [J]. Remote Sensing, 10 (2): 350.

Bonnema M, Hossain F, 2019. Assessing the potential of the surface water and ocean topography mission for reservoir monitoring in the Mekong River Basin [J]. Water Resources Research, 55 (1): 444 – 461.

Boyle D P, Gupta H V, Sorooshian S, 2003. Multicriteria calibration of hydrologic models [J]. Calibration of Watershed Models, edited by: Duan, Q., Gupta, H., Sorooshian, S., Rousseau, A., Turcotte, R., AGU: 185 – 196.

Callahan B, Miles E, Fluharty D, 1999. Policy implications of climate forecasts for water resources management in the Pacific Northwest [J]. Policy Sciences, 32 (3): 269 – 293.

Chavoshian A, Ishidaira H, Takeuchi K, Yoshitani J, 2007. Hydrological modeling of large – scale ungauged basin case study of Ayeyarwady (Irrawaddy) Basin, Myanmar, HRSD 2007 conference in conjunction with the 15th Regional Steering Committee Meeting for UNESCO – IHP southeast Asia and the Pacific.

Chavoshian S A, 2007. Development and application of a distributed hydrological model in arid and semi – arid areas [D]. University of Yamanashi.

Cheng Q B, Chen X, Xu C Y, Reinhardt – Imjela C, Schulte A, 2014. Improvement and comparison of likelihood functions for model calibration and parameter uncertainty analysis within a Markov chain Monte Carlo scheme [J]. Journal of Hydrology, 519: 2202 – 2214.

Chow V, Maidment D, Mays L, 1988. Applied Hydrology, McGraw [J]. Inc, New York, USA.

Chow V T, 1959. Open Channel Hydraulics McGraw – Hill [J]. New York: 26 – 27.

Coe M T, Birkett C M, 2004. Calculation of river discharge and prediction of lake height from satellite radar altimetry: Example for the Lake Chad basin [J]. Water Resources Research, 40 (10).

Confesor Jr R B, Whittaker G W, 2007. Automatic Calibration of Hydrologic Models With Multi - Objective Evolutionary Algorithm and Pareto Optimization 1 [J]. JAWRA Journal of the American Water Resources Association, 43 (4): 981 – 989.

Crétaux J F, Jelinski W, Calmant S, Kouraev A, Vuglinski V, Bergé – Nguyen M, Gennero M C, Nino F, Del Rio R A, Cazenave A, 2011. SOLS: A lake database to monitor in the Near Real Time water level and storage variations from remote sensing data [J]. Advances in space research, 47 (9): 1497 – 1507.

Deb K, Pratap A, Agarwal S, Meyarivan T, 2002. A fast and elitist multiobjective genetic algorithm: NSGA –Ⅱ [J]. IEEE transactions on evolutionary computation, 6 (2): 182 – 197.

Dingman S L, 2002. Physical hydrology [M]. Prentice Hall, Upper Saddle River, N. J.

Dingman S L, 2007. Analytical derivation of at – a – station hydraulic – geometry relations [J]. Journal of Hydrology, 334 (1 – 2): 17 – 27.

Durand M, Fu L L, Lettenmaier D P, Alsdorf D E, Rodriguez E, Esteban – Fernandez D, 2010. The surface water and ocean topography mission: Observing terrestrial surface water and oceanic submesoscale eddies [J]. Proceedings of the IEEE, 98 (5): 766 – 779.

Fekete B M, Vörösmarty C J, 2007. The current status of global river discharge monitoring and potential new technologies complementing traditional discharge measurements [J]. IAHS publ, 309: 129 – 136.

Ferguson R I, 1986. Hydraulics and hydraulic geometry [J]. Progress in Physical Geography, 10 (1): 1 – 31.

Fernández – Prieto D, Van Oevelen P, Su Z, Wagner W, 2012. Advances in Earth observation for water cycle science [J]. Hydrol. Earth Syst. Sci, 16: 543 – 549.

Franks S W, Gineste P, Beven K J, Merot P, 1998. On constraining the predictions of a distributed model: the incorporation of fuzzy estimates of saturated areas into the calibration process [J]. Water Resources Research, 34 (4): 787 – 797.

Freer J, Beven K, Ambroise B, 1996. Bayesian estimation of uncertainty in runoff prediction and the value of data: An application of the GLUE approach [J]. Water Resources Research, 32 (7): 2161 – 2173.

Getirana A C, 2010. Integrating spatial altimetry data into the automatic calibration of hydrological models [J]. Journal of Hydrology, 387 (3 – 4): 244 – 255.

Getirana A C, Boone A, Yamazaki D, Mognard N, 2013. Automatic parameterization of a flow routing scheme driven by radar altimetry data: Evaluation in the Amazon basin [J]. Water Resources Research, 49 (1): 614 – 629.

Gleason C J, Smith L C, 2014. Toward global mapping of river discharge using satellite images and at – many – stations hydraulic geometry [J]. Proceedings of the National Academy of Sciences, 111 (13): 4788 – 4791.

Goldberg D E, 1988. Genetic Algorithms In Search, Optimization, and Machine Learning [J]. Ethnographic Praxis in Industry Conference Proceedings, 9 (2).

Gupta H, Beven K, Wagener T, Anderson M, 2005. Model calibration and uncertainty analysis. John Wiley & Sons, Ltd. , Chichester, UK.

Hirabayashi Y, Mahendran R, Koirala S, Konoshima L, Yamazaki D, Watanabe S, Kim H, Kanae S, 2013. Global flood risk under climate change [J]. Nature Climate Change, 3 (9): 816 – 821.

Hrachowitz M, Savenije H, Blöschl G, McDonnell J, Sivapalan M, Pomeroy J, Arheimer B, Blume T, Clark M, Ehret U, 2013. A decade of Predictions in Ungauged Basins (PUB) —a review [J]. Hydrological sciences journal, 58 (6): 1198 – 1255.

Immerzeel W, Droogers P, 2008. Calibration of a distributed hydrological model based on satellite evapotranspiration [J]. Journal of hydrology, 349 (3 – 4): 411 – 424.

Jia Y, Culver T B, 2008. Uncertainty analysis for watershed modeling using generalized likelihood uncertainty estimation with multiple calibration measures [J]. Journal of Water Resources Planning and Management, 134 (2): 97 – 106.

Jowett I, 1998. Hydraulic geometry of New Zealand rivers and its use as a preliminary method of habitat assessment [J]. Regulated Rivers: Research & Management: An International Journal Devoted to River Research and Management, 14 (5): 451 – 466.

Khu S T, Madsen H, Di Pierro F, 2008. Incorporating multiple observations for distributed hydrologic model calibration: An approach using a multi – objective evolutionary algorithm and clustering [J]. Advances in Water Resources, 31 (10): 1387 – 1398.

Kim U, Kaluarachchi J J, 2009. Hydrologic model calibration using discontinuous data: an example from the upper Blue Nile River Basin of Ethiopia [J]. Hydrological Processes: An International Journal, 23 (26): 3705 – 3717.

Kollat J, Reed P, Wagener T, 2012. When are multiobjective calibration trade - offs in hydrologic models meaningful? [J]. Water Resources Research, 48 (3).

Kouraev A V, Zakharova E A, Samain O, Mognard N M, Cazenave A, 2004 Ob'river discharge from TOPEX/Poseidon satellite altimetry (1992—2002) [J]. Remote sensing of environment, 93 (1 – 2): 238 – 245.

Kult J M, Fry L M, Gronewold A D, Choi W, 2014. Regionalization of hydrologic response in the Great Lakes basin: Considerations of temporal scales of analysis [J]. Journal of Hydrology, 519: 2224 – 2237.

Lamb R, Beven K, Myrabø S, 1998. Use of spatially distributed water table observations to constrain uncertainty in a rainfall – runoff model [J]. Advances in water resources, 22 (4): 305 – 317.

Latrubesse E M, 2008. Patterns of anabranching channels: The ultimate end – member adjustment of mega rivers [J]. Geomorphology, 101 (1 – 2): 130 – 145.

Lefavour G, Alsdorf D, 2005. Water slope and discharge in the Amazon River estimated using the shuttle radar topography mission digital elevation model [J]. Geophysical Research Letters, 32 (17).

Legleiter C J, 2012. Remote measurement of river morphology via fusion of LiDAR topography and spectrally based bathymetry [J]. Earth Surface Processes and Landforms, 37 (5): 499 – 518.

Lehner B, Verdin K, Jarvis A, 2008. New global hydrography derived from spaceborne elevation data [J]. Eos, Transactions American Geophysical Union, 89 (10): 93 – 94.

Leon J G, Calmant S, Seyler F, Bonnet M P, Cauhopé M, Frappart F, Filizola N, Fraizy P, 2006. Rating curves and estimation of average water depth at the upper Negro River based on satellite altimeter data and modeled discharges [J]. Journal of hydrology, 328 (3 – 4):

481 – 496.

Leopold L B, 1994. A View of the River [M]. Harvard University Press.

Leopold L B, Maddock, T, 1953. The hydraulic geometry of stream channels and some physiographic implications [M], 252. US Government Printing Office.

Li Z, Penglei X, Jiahui T, 2013. Study of the Xinanjiang model parameter calibration [J]. Journal of Hydrologic Engineering, 18 (11): 1513 – 1521.

Lidén R, Harlin J, 2000. Analysis of conceptual rainfall – runoff modelling performance in different climates [J]. Journal of hydrology, 238 (3 – 4): 231 – 247.

Liu G, Schwartz F W, Tseng K H, Shum C, 2015. Discharge and water - depth estimates for ungauged rivers: Combining hydrologic, hydraulic, and inverse modeling with stage and water - area measurements from satellites [J]. Water Resources Research, 51 (8): 6017 – 6035.

McEnery J, Ingram J, Duan Q, Adams T, Anderson L, 2005. NOAA's advanced hydrologic prediction service: building pathways for better science in water forecasting [J]. Bulletin of the American Meteorological Society, 86 (3): 375 – 386.

McIntyre N, Lee H, Wheater H, Young A, Wagener T, 2005. Ensemble predictions of runoff in ungauged catchments [J]. Water Resources Research, 41 (12).

Melsen L, Teuling A, Van Berkum S, Torfs P, Uijlenhoet R, 2014. Catchments as simple dynamical systems: A case study on methods and data requirements for parameter identification [J]. Water Resources Research, 50 (7): 5577 – 5596.

Merz R, Blöschl G, 2004. Regionalisation of catchment model parameters [J]. Journal of hydrology, 287 (1 – 4): 95 – 123.

Milzow C, Krogh P E, Bauer – Gottwein P, 2011. Combining satellite radar altimetry, SAR surface soil moisture and GRACE total storage changes for hydrological model calibration in a large poorly gauged catchment [J]. Hydrology &. Earth System Sciences, 15 (6).

Montanari A, Young G, Savenije H, Hughes D, Wagener T, Ren L, Koutsoyiannis D, Cudennec C, Toth E, Grimaldi S, 2013. "Panta Rhei—everything flows": change in hydrology and society—the IAHS scientific decade 2013—2022 [J]. Hydrological Sciences Journal, 58 (6): 1256 – 1275.

Montanari M, Hostache R, Matgen P, Schumann G, Pfister L, Hoffmann L, 2009. Calibration and sequential updating of a coupled hydrologic – hydraulic model using remote sensing –derived water stages [J]. Hydrology and Earth System Sciences, 13 (3): 367 – 380.

Moore R, 1985. The probability – distributed principle and runoff production at point and basin scales [J]. Hydrological Sciences Journal. , 30 (2): 273 – 297.

Moradkhani H, Sorooshian S, Gupta H V, Houser P R, 2005. Dual state – parameter estimation of hydrological models using ensemble Kalman filter [J]. Advances in water resources, 28 (2): 135 – 147.

Moriasi D N, Arnold J G, Van Liew M W, Bingner R L, Harmel R D, Veith T L, 2007. Model evaluation guidelines for systematic quantification of accuracy in watershed simulations [J]. Transactions of the ASABE, 50 (3): 885 – 900.

Negrel J, Kosuth P, Bercher N, 2011. Estimating river discharge from earth observation measurement of river surface hydraulic variables [J]. Hydrology and Earth System Sciences, 15 (140).

Orlandini S, Rosso R, 1998. Parameterization of stream channel geometry in the distributed modeling of catchment dynamics [J]. Water Resources Research, 34 (8): 1971 – 1985.

Pappenberger F, Matgen P, Beven K J, Henry J B, Pfister L, 2006. Influence of uncertain boundary conditions and model structure on flood inundation predictions [J]. Advances in water resources. 29 (10): 1430 – 1449.

Pardo – Pascual J E, Almonacid – Caballer J, Ruiz L A, Palomar – Vázquez J, 2012. Automatic extraction of shorelines from Landsat TM and ETM+ multi – temporal images with subpixel precision [J]. Remote Sensing of Environment, 123: 1 – 11.

Pavelsky T M, Durand M T, Andreadis K M, Beighley R E, Paiva R C, Allen G H, Miller Z F, 2014. Assessing the potential global extent of SWOT river discharge observations [J]. Journal of Hydrology, 519: 1516 – 1525.

Perrin C, Oudin L, Andreassian V, Rojas – Serna C, Michel C, Mathevet T, 2007. Impact of limited streamflow data on the efficiency and the parameters of rainfall—runoff models [J]. Hydrological sciences journal, 52 (1): 131 – 151.

Qiao L, Herrmann R B, Pan Z, 2013. Parameter Uncertainty Reduction for SWAT Using Grace, Streamflow, and Groundwater Table Data for Lower Missouri River Basin 1 [J]. JAWRA Journal of the American Water Resources Association, 49 (2): 343 – 358.

Rajib M A, Merwade V, Yu Z, 2016. Multi – objective calibration of a hydrologic model using spatially distributed remotely sensed/in – situ soil moisture [J]. Journal of hydrology, 536: 192 – 207.

Revilla – Romero B, Beck H E, Burek P, et al. , 2015. Filling the gaps: Calibrating a rainfall – runoff model using satellite – derived surface water extent [J]. Remote Sensing of Environment, 171: 118 – 131.

Rodriguez E, Morris C S, Belz J E, 2006. A global assessment of the SRTM performance [J]. Photogrammetric Engineering & Remote Sensing, 72 (3): 249 – 260.

Romeiser R, Runge H, Suchandt S, Sprenger J, Weilbeer H, Sohrmann A, Stammer D, 2007. Current Measurements in Rivers by Spaceborne Along – Track InSAR [J]. IEEE Transactions on Geoscience and Remote Sensing, 45 (12): 4019 – 4031.

Romeiser R, Suchandt S, Runge H, Steinbrecher U, Grunler S, 2009. First analysis of TerraSAR – X along – track InSAR – derived current fields [J]. IEEE Transactions on Geoscience and Remote Sensing, 48 (2): 820 – 829.

Rosgen D L, 1994. A classification of natural rivers [J]. Catena, 22 (3): 169 – 199.

Schaefli B, Gupta H V, 2007. Do Nash values have value? [J]. Hydrological Processes, 21 (ARTICLE): 2075 – 2080.

Schumann G, Bates P D, Horritt M S, Matgen P, Pappenberger F, 2009. Progress in integration of remote sensing – derived flood extent and stage data and hydraulic models [J]. Reviews of Geophysics, 47 (4).

Seibert J, 1999. Regionalisation of parameters for a conceptual rainfall – runoff model [J]. Agricultural and forest meteorology, 98: 279 – 293.

Seibert J, Beven K J, 2009. Gauging the ungauged basin: how many discharge measurements are needed? [J]. Hydrology and Earth System Sciences, 13 (6): 883 – 892.

Sichangi A W, Wang L, Yang K, Chen D, Wang Z, Li X, Zhou J, Liu W, Kuria D, 2016. Estimating continental river basin discharges using multiple remote sensing data sets [J]. Remote Sensing of Environment, 179: 36 – 53.

Sivapalan M, Takeuchi K, Franks S, Gupta V, Karambiri H, Lakshmi V, Liang X, McDonnell J, Mendiondo E, O'connell P, 2003. IAHS Decade on Predictions in Ungauged Basins (PUB), 2003 – 2012: Shaping an exciting future for the hydrological sciences [J]. Hydrological sciences journal, 48 (6): 857 – 880.

Smith L, 1996. Estimation of discharge from braid rivers using synthetic aperture radar imagery: Potential application to ungauged basins [J]. Water Resources Research, 32: 2021 – 2034.

Smith L C, Isacks B L, Bloom A L, Murray A B, 1996. Estimation of discharge from three braided rivers using synthetic aperture radar satellite imagery: Potential application to ungaged basins [J]. Water Resources Research, 32 (7): 2021 – 2034.

Smith L C, Isacks B L, Forster R R, Bloom A L, Preuss I, 1995. Estimation of discharge from braided glacial rivers using ERS 1 synthetic aperture radar: First results [J]. Water Resources Research, 31 (5): 1325 – 1329.

Smith L C, Pavelsky T M, 2008. Estimation of river discharge, propagation speed, and hydraulic geometry from space: Lena River, Siberia [J]. Water Resources Research, 44 (3).

Spate J, Croke B, Norton J, 2004. A proposed rule – discovery scheme for regionalisation of rainfall – runoff characteristics in New South Wales, Australia [J]. CiteSeer.

Stewardson M, 2005. Hydraulic geometry of stream reaches [J]. Journal of hydrology, 306 (1 – 4): 97 – 111.

Sun W, Ishidaira H, Bastola S, 2009. Estimating discharge by calibrating hydrological model against water surface width measured from satellites in large ungauged basins [J]. J. Hydraul. Eng, 53: 49 – 54.

Sun W, Ishidaira H, Bastola S, 2010. Towards improving river discharge estimation in ungauged basins: calibration of rainfall – runoff models based on satellite observations of river flow width at basin outlet [J]. Hydrology and Earth System Sciences, 14 (10): 2011.

Sun W, Ishidaira H, Bastola S, 2012. Calibration of hydrological models in ungauged basins based on satellite radar altimetry observations of river water level [J]. Hydrological Processes, 26 (23): 3524 – 3537.

Tada T, Beven K J, 2012. Hydrological model calibration using a short period of observations [J]. Hydrological Processes, 26 (6): 883 – 892.

Tarpanelli A, Brocca L, Lacava T, Melone F, Moramarco T, Faruolo M, Pergola N, Tramutoli V, 2013. Toward the estimation of river discharge variations using MODIS data in ungauged basins [J]. Remote Sensing of Environment, 136: 47 – 55.

Todorovic A, Plavsic J, 2016. The role of conceptual hydrologic model calibration in climate change impact on water resources assessment [J]. Journal of Water and Climate Change, 7

(1): 16 – 28.

Vandewiele G, Xu C Y, Huybrechts W, 1991. Regionalisation of physically – based water balance models in Belgium. Application to ungauged catchments [J]. Water Resources Management, 5 (3 – 4): 199 – 208.

Vervoort R W, Miechels S F, Ogtrop F F, Guillaume J H, 2014. Remotely sensed evapotranspiration to calibrate a lumped conceptual model: Pitfalls and opportunities [J]. Journal of hydrology, 519: 3223 – 3236.

Viglione A, Chirico G B, Woods R, Blöschl G, 2010. Generalised synthesis of space – time variability in flood response: An analytical framework [J]. Journal of Hydrology, 394 (1 – 2): 198 – 212.

Vrugt J A, Bouten W, Gupta H V, Sorooshian S, 2002. Toward improved identifiability of hydrologic model parameters: The information content of experimental data [J]. Water Resources Research, 38 (12): 48 – 1 – 48 – 13.

Vrugt J A, Gupta H V, Bouten W, Sorooshian S, 2003. A Shuffled Complex Evolution Metropolis algorithm for optimization and uncertainty assessment of hydrologic model parameters [J]. Water resources research, 39 (8).

Wagener T, Sivapalan M, McDonnell J, Hooper R, Lakshmi V, Liang X, Kumar P, 2004. Predictions in ungauged basins as a catalyst for multidisciplinary hydrology [J]. Eos, Transactions American Geophysical Union, 85 (44): 451 – 457.

Wanders N, Bierkens M F, Jong S D, et al. , 2014. The benefits of using remotely sensed soil moisture in parameter identification of large - scale hydrological models [J]. Water resources research, 50 (8): 6874 – 6891.

Werth S, Güntner A, Petrovic S, Schmidt R, 2009. Integration of GRACE mass variations into a global hydrological model [J]. Earth and Planetary Science Letters, 277 (1 – 2): 166 – 173.

Winsemius H, Savenije H, Bastiaanssen W, 2008. Constraining model parameters on remotely sensed evaporation: justification for distribution in ungauged basins? [J]. Hydrology & Earth System Sciences, 12 (6).

Yadav M, Wagener T, Gupta H, 2007. Regionalization of constraints on expected watershed response behavior for improved predictions in ungauged basins [J]. Advances in water resources, 30 (8): 1756 – 1774.

Yamazaki D, Ikeshima D, Sosa J, Bates P D, Allen G H, Pavelsky T M, 2019. MERIT Hydro: a high – resolution global hydrography map based on latest topography dataset [J]. Water Resources Research, 55 (6): 5053 – 5073.

Yapo P O, Gupta H V, Sorooshian S, 1998. Multi – objective global optimization for hydrologic models [J]. Journal of Hydrology – Amsterdam.

Yapo P O, Gupta H V, Sorooshian S, 1996. Automatic calibration of conceptual rainfall – runoff models: sensitivity to calibration data [J]. Journal of Hydrology, 181 (1 – 4): 23 – 48.

Yatagai A, Arakawa O, Kamiguchi K, Kawamoto H, Nodzu M I, Hamada A, 2009. A 44 – year daily gridded precipitation dataset for Asia based on a dense network of rain gauges

[J]. Sola, 5: 137 - 140.

Zhang J, Xu K, Watanabe M, Yang Y, Chen X, 2004. Estimation of river discharge from non - trapezoidal open channel using QuickBird - 2 satellite imagery/Utilisation des images satellites de Quickbird - 2 pour le calcul des débits fluviaux en chenaux ouverts non - trapézoidaux [J]. Hydrological sciences journal, 49 (2).

Zhang Y, Hong Y, Wang X, Gourley J J, Gao J, Vergara H J, Yong B, 2013. Assimilation of passive microwave streamflow signals for improving flood forecasting: A first study in Cubango River Basin, Africa [J]. IEEE Journal of Selected Topics in Applied Earth Observations and Remote Sensing, 6 (6): 2375 - 2390.

安德笼, 杨进, 武永斌, 马旭辉, 陶德龙, 史红岭, 2019. ICESat - 2 激光测高卫星应用研究进展 [J]. 海洋测绘, 39 (6): 9 - 15.

李致家, 刘金涛, 葛文忠, 赵坤, 2004. 雷达估测降雨与水文模型的耦合在洪水预报中的应用 [J]. 河海大学学报 (自然科学版), 32 (6): 601 - 606.

任立良, 江善虎, 袁飞, 雍斌, 龚露燕, 袁山水, 2011. 水文学方法的演进与诠释 [J]. 水科学进展, 22 (4): 586 - 592.

芮孝芳, 蒋成煜, 张金存, 2006. 流域水文模型的发展 [J]. 水文, 26 (3): 22 - 26.

徐宗学, 程磊, 2010. 分布式水文模型研究与应用进展 [J]. 水利学报 (9): 1009 - 1017.

杨大文, 雷慧闽, 丛振涛, 2010. 流域水文过程与植被相互作用研究现状评述 [J]. 水利学报 (10): 1142 - 1149.